KB269791

아름다운 우리 꽃

글 · 현진오
사진 · 문순화

봄 꽃 150

교학사

아름다운 우리꽃 출간에 부쳐

　먼저 '아름다운 우리꽃'을 출간하게 된 것을 진심으로 축하한다. 일생을 카메라와 더불어 사신 문순화 작가와 패기에 넘치는 젊은 식물 연구가 현진오 씨가 협심하여 그야말로 아름답고 새로운 식물 연구의 길잡이가 될 책을 펴낸 점이다. 80평생을 우리꽃과 살다 보니 감개가 무량하고, 할 일이 태산 같으며, 할 말도 많은 것이 사실이다.

　내가 식물 공부를 시작했을 때만 해도 식물을 채집하고, 표본을 만들고, 그림으로 그리고 하는 것이 식물 공부의 거의 전부였다. 물론 지도자도 거의 없고, 제대로 된 식물 도감 하나 없는 실정이었으며, 식물 채집 여행은 거의 두 발로 걸어야 했다. 그러나 오늘날에 이르러서는 그 전의 1개월 코스도 단 하루면 거뜬히 해낼 수 있는 실정이다.

　우리 한반도는 그야말로 산수가 고루 갖추어진 참으로 식물 자원이 풍부한 고장이다. 관속 식물만 해도 4500종이나 되고, 특산 식물만도 400여 종이 훨씬 넘는 곳이다. 고산 식물에서부터 산지 식물, 들식물 등이 골고루 자라고 있다. 사실 이 많은 식물을 철저하게 연구하기에는 한 사람의 힘으로는 벅찬 일이다. 형태적, 생태적, 생리적, 그리고 유전적으로 연구하여 한 종류의 존재를 따지는 현대 분류를 완성하려면 많은 연구자가 팀을 이루어 한

목표 달성에 임하는 방법을 세워 나가야 한다.

　그러나 식물 분류의 첫걸음은 역시 채집하고, 기록하고, 사진을 찍어서 무슨 식물인가를 정확히 동정하는 일이다. 이 첫걸음마적이고 중요한 식물의 감별과 동정의 일을 시도한 좋은 책이 이번에 내놓은 '아름다운 우리꽃'이다.

　문순화 작가는 나와는 15년 가까이 산야를 같이 걸으며 식물 공부를 한 분으로, 사진 작가로서 식물명을 정확하게 많이 아시는 분이라고 생각한다. 그리고 현진오 씨는 한국에서 으뜸 가는 대학에서 식물 연구의 기초를 완벽하게 닦은 수재이며, 나와는 5년 가까이 산야를 같이 다닌, 장래에 대학자가 될 사람이라고 믿는다. 이 두 분이 힘을 합쳐서 만든 '아름다운 우리꽃' 시리즈는 봄, 여름, 가을의 초본편, 그리고 목본으로 나누어 모두 4권에 각 150종씩 화려하고 정확하게, 그리고 알찬 내용으로 실려 있어, 우리꽃을 연구하는 많은 분들에게 식물 공부의 길잡이로 권고하고 싶다.

한국식물연구원 원장

이학박사 이영노

대학교 생물학과를 졸업한 사람이 우리 강산에 저절로 자라는 식물명 열 가지를 댈 수 없는 상황이고 보면 일반인들이야 오죽하겠는가! 이와 같은 현실에서 자연보존운동은 무슨 의미가 있겠는가! 자연보존운동은 자연을 이루고 있는 생태계의 구성원들과 친숙해지려는 노력이 우선되어야 더욱 큰 의미를 지닐 수 있다. 자연을 삶의 터전으로 삼아 살고 있는 식물과 동물들에 대해 최소한 이름이라도 알아야, 그들이 왜 중요하며 보존되어야 하는지 구체적인 생각을 가질 수 있기 때문이다.

게다가 우리의 자연보존운동이라는 것은 인간 중심 철학에 근본을 둔 운동으로밖에 발전하지 못하고 있는 것이 현실이다. '지속 가능한 자연의 이용' 운운하며 '현재와 미래의 세대가 동등한 기회를 가지고 자연을 이용하거나 혜택을 누릴 수 있도록 하자'고 주장하는 것이 우리의 자연보존에 대한 시각이다. 어디까지나 인간 위주로, 인간을 위해 자연을 조금 더 절제하고 건전하게 이용하자는 것이다.

하지만 지구라는 커다란 생태계로 보면 인간은 식물 한 종, 동물 한 종과 다를 바 없는 지구 생태계의 한 구성원일 따름이다. 이런 원론적인 의미에서 인간은 망태버섯, 금강초롱꽃, 산호, 붉은박쥐, 늑대, 두루미, 장수하늘소, 열목어 같은 지구상의 모든 생명체들과 동등한 권리를 가진 생물종에 불과하며, 그렇기 때문에 인간 중심의 지구 생태계 경영은 바람직한 일이라고 볼 수 없다.

인간이 지구 생태계의 한 구성원이라는 이러한 생각은 우리 선조들의 자연관과도 일맥 상통하는 바가 많다. 자연을 도전과 정복의 대상으로 보기보다는 자연과 인간이 함께 어우러지는 삶을 살았던 선조들의 자연관은 서구식 인간 중심의 자연관과는 확연히 구분된다. 지금부터라도, 특히 어린이들에게 "너와 초롱꽃은 지구에서 살아갈 권리가 똑같아. 그러니 함부로 꽃을 꺾어서 죽이면 되겠니? 그들이 너처럼 잘 살 수 있게 해야지."라고 설명해 주는 것이 자연을 대하는 올바른 시각을 가르치는 일이 아닐까 생각한다.

최근 야생화(몇몇 분이 주장했듯이 자생 식물이라는 말이 바르다고 생각한다.)에 대한 붐이 일어나 너나할것없이 재배에 열중하고 있다. 꽃이나 잎이 예쁜 식물을 집에서 키우는 것은 우리의 정신을 풍요롭게 하는 동서 고금의 아름다운 풍습이지만, 원예화되지 않은 식물들을 산과 들에서 직접 캐다가 키운다면 그것은 보통 문제가 아니다. 이런 행위는 식물에 대한 사랑이라기보다는 인간의 이기심 그 자체인 것이다.

자생 식물에 대한 일반인의 관심은 산으로 들로 우리 꽃을 찾아 사진을 찍고,

그들의 분포와 생태를 연구하는 바람직한 취미 활동으로도 이어지고 있다. 이들의 노력으로 어떤 식물의 새로운 분포지가 밝혀지기도 하고, 개개 식물의 생활사가 연구되기도 한다. 이러한 동호인들과 아마추어 연구가들의 박물학적 연구는 건전한 취미 활동으로서뿐만 아니라, 우리 나라 식물에 대한 세세한 정보를 제공한다는 점에서 의의가 크다. 앞으로도 많은 사람들이 이러한 박물학적 연구에 관심을 가지게 되길 바란다.

이 책은 식물학을 전공하는 사람들뿐만 아니라 자생 식물과 친숙해지려는 사람들에게 우리 꽃의 아름다움을 널리 알리기 위해 기획되었다. 여러 가지 사정으로 큰키나무를 다루지 못한 아쉬움이 있지만, 독자 여러분의 관심과 성원이 있다면 언제라도 출판할 수 있도록 원고를 준비해 놓을 생각이다.

이 책은 학명과 기재에 충실하려고 노력했다. 여기에서 쓴 학명은 그간 우리 나라에서 발간된 식물도감, 종속지, 학위 논문들 중에서 믿을 만한 것들을 근거로 했으며, 일부에는 필자의 생각을 더하기도 했다.

이 책의 자랑은 사진이다. 사진의 질이야 독자들에게 판단을 미루더라도 여기에 실린 사진 모두가 자생지, 즉 현장에서 촬영한 것들이라는 점에 대해서는 긍지를 느낀다. 철저한 현장성, 자연에 접근하는 이러한 시각, 이것이야말로 저자들이 30년 세월의 나이 차를 극복하고 일치된 마음으로 함께 작업할 수 있었던 원동력이었다.

끝으로, 이 책이 빛을 볼 수 있도록 하는 데 큰 도움이 된, 책 말미에 명기한 참고문헌 저자들에게 감사드리며 항상 애정과 관심으로 독려해 주시고 밝은 눈을 가지게 해 주신 원로 식물분류학자이신 한국식물연구원 원장 이영노 박사님께 감사드린다. 또 여러 문헌을 구해 주신 순천향대학교 생물학과 신현철 교수님과 표지 그림을 그려 주신 화가 장미선 선생님께도 감사드린다.

어려운 경제 상황에서도 기꺼이 출판을 맡아 주신 교학사 양철우 사장님께 사의를 표하고, 기획과 제작을 지휘하신 유홍희 부장님과 편집부 여러분들, 그리고 1년 가까이 이 책의 편집에 매달린 박선희님께 감사드린다.

아무쪼록 이 책이 자생 식물 동호인들과 식물 연구가들에게 조금이나마 도움이 되었으면 하는 마음 간절하다.

1999년 봄을 맞으며
문순화 · 현진오

차례

아름다운 우리꽃 출간에 부쳐 · 2

책을 내며 · 4

일러두기 · 9

부록편 · 180

＊ 우리말 이름 찾아보기(봄 · 여름 · 가을꽃 3권 공통) · 180
＊ 학명 찾아보기(봄 · 여름 · 가을꽃 3권 공통) · 184
＊ 참고문헌 · 190
＊ 저자소개 · 191

속새과 Equisetaceae ································12
　1. 쇠뜨기 · 12

고비과 Osmundaceae ·······························13
　2. 고비 · 13

석죽과 Caryophyllaceae ·························14
　3. 덩굴개별꽃 · 14

미나리아재비과 Ranunculaceae ···············15
　4. 노루삼 · 15
　5. 변산바람꽃 · 16
　6. 너도바람꽃 · 17
　7. 만주바람꽃 · 18
　8. 나도바람꽃 · 19
　9. 매발톱꽃 · 20
　10. 개구리발톱 · 21
　11. 동의나물 · 22
　12. 모데미풀 · 23
　13. 홀아비바람꽃 · 24
　14. 꿩의바람꽃 · 25
　15. 세바람꽃 · 26
　16. 회리바람꽃 · 27
　17. 분홍할미꽃 · 28
　18. 할미꽃 · 29
　19. 노루귀 · 30

20. 새끼노루귀 · 31
21. 섬노루귀 · 32
22. 왜미나리아재비 · 33
23. 매화마름 · 35
24. 복수초 · 36

매자나무과 Berberidaceae ⋯⋯⋯⋯⋯ 37
25. 삼지구엽초 · 37
26. 깽깽이풀 · 38
27. 한계령풀 · 39

홀아비꽃대과 Chloranthaceae ⋯⋯⋯⋯ 40
28. 홀아비꽃대 · 40

쥐방울덩굴과 Aristolochiaceae ⋯⋯⋯ 41
29. 족도리풀 · 41

작약과 Paeoniaceae ⋯⋯⋯⋯⋯⋯ 42
30. 백작약 · 42

양귀비과 Papaveraceae ⋯⋯⋯⋯⋯ 43
31. 애기똥풀 · 43
32. 노랑매미꽃 · 44
33. 금낭화 · 46
34. 왜현호색 · 48
35. 애기현호색 · 49
36. 갯괴불주머니 · 50
37. 자주괴불주머니 · 51
38. 산괴불주머니 · 52
39. 댓잎현호색 · 53

십자화과 Cruciferae ⋯⋯⋯⋯⋯⋯ 54
40. 꽃황새냉이 · 54
41. 는쟁이냉이 · 56
42. 미나리냉이 · 57
43. 고추냉이 · 58

44. 큰산장대 · 59
45. 섬갯장대 · 60
46. 꽃다지 · 61
47. 냉이 · 62

돌나물과 Crassulaceae ⋯⋯⋯⋯⋯ 63
48. 돌나물 · 63

범의귀과 Saxifragaceae ⋯⋯⋯⋯⋯ 64
49. 돌단풍 · 64
50. 애기괭이눈 · 66
51. 천마괭이눈 · 67

장미과 Rosaceae ⋯⋯⋯⋯⋯⋯⋯ 68
52. 나도양지꽃 · 68
53. 양지꽃 · 69
54. 세잎양지꽃 · 70
55. 가락지나물 · 71
56. 민눈양지꽃 · 72
57. 흰땃딸기 · 73
58. 뱀딸기 · 74

괭이밥과 Oxalidaceae ⋯⋯⋯⋯⋯ 75
59. 애기괭이밥 · 75
60. 큰괭이밥 · 76

대극과 Euphorbiaceae ⋯⋯⋯⋯⋯ 77
61. 등대풀 · 77
62. 암대극 · 78
63. 개감수 · 79

운향과 Rutaceae ⋯⋯⋯⋯⋯⋯⋯⋯⋯⋯⋯⋯80
  64. 백선 · 80

원지과 Polygalaceae ⋯⋯⋯⋯⋯⋯⋯⋯⋯81
  65. 애기풀 · 81

제비꽃과 Violaceae ⋯⋯⋯⋯⋯⋯⋯⋯⋯82
  66. 졸방제비꽃 · 82
  67. 태백제비꽃 · 83
  68. 금강제비꽃 · 84
  69. 남산제비꽃 · 85
  70. 흰젖제비꽃 · 86
  71. 노랑제비꽃 · 87
  72. 제비꽃 · 89
  73. 고깔제비꽃 · 90
  74. 뫼제비꽃 · 92
  75. 서울제비꽃 · 93
  76. 민둥뫼제비꽃 · 94
  77. 알록제비꽃 · 95
  78. 콩제비꽃 · 96
  79. 왕제비꽃 · 97
  80. 우산제비꽃 · 98

산형과 Umbelliferae ⋯⋯⋯⋯⋯⋯⋯⋯⋯99
  81. 붉은참반디 · 99

노루발과 Pyrolaceae ⋯⋯⋯⋯⋯⋯⋯⋯⋯100
  82. 매화노루발 · 100

앵초과 Primulaceae ⋯⋯⋯⋯⋯⋯⋯⋯⋯101
  83. 뚜껑별꽃 · 101

  84. 봄맞이 · 102
  85. 큰앵초 · 103
  86. 설앵초 · 104
  87. 앵초 · 105

용담과 Gentianaceae ⋯⋯⋯⋯⋯⋯⋯⋯⋯106
  88. 구슬붕이 · 106

박주가리과 Asclepiadaceae ⋯⋯⋯⋯⋯107
  89. 민백미꽃 · 107

꼭두서니과 Rubiaceae ⋯⋯⋯⋯⋯⋯⋯⋯108
  90. 선갈퀴 · 108

메꽃과 Convolvulaceae ⋯⋯⋯⋯⋯⋯⋯109
  91. 갯메꽃 · 109

지치과 Borraginaceae ⋯⋯⋯⋯⋯⋯⋯⋯110
  92. 참꽃마리 · 110
  93. 당개지치 · 112

꿀풀과 Labiatae ⋯⋯⋯⋯⋯⋯⋯⋯⋯⋯⋯113
  94. 조개나물 · 113
  95. 금란초 · 114
  96. 벌깨덩굴 · 116
  97. 배암차즈기 · 118
  98. 산골무꽃 · 119
  99. 광대수염 · 121
  100. 광대나물 · 122

가지과 Solanaceae ⋯⋯⋯⋯⋯⋯⋯⋯⋯⋯123
  101. 미치광이풀 · 123

현삼과 Scrophulariaceae ⋯⋯⋯⋯⋯⋯⋯124

102. 만주송이풀 · 124

마타리과 Valerianaceae ·····125
103. 쥐오줌풀 · 125

연복초과 Adoxaceae ·····126
104. 연복초 · 126

열당과 Orobanchaceae ·····127
105. 개종용 · 127

국화과 Compositae ·····128
106. 떡쑥 · 128
107. 머위 · 129
108. 솜방망이 · 130
109. 흰민들레 · 131
110. 민들레 · 132
111. 솜나물 · 133

백합과 Liliaceae ·····134
112. 처녀치마 · 134
113. 윤판나물아재비 · 136
114. 윤판나물 · 138
115. 금강애기나리 · 139
116. 패모 · 140
117. 애기중의무릇 · 141
118. 얼레지 · 142
119. 산자고 · 144
120. 은방울꽃 · 145
121. 나도옥잠화 · 147
122. 지장보살(풀솜대) · 148
123. 두루미꽃 · 149
124. 큰두루미꽃 · 150
125. 각시둥굴레 · 152

126. 둥굴레 · 154
127. 삿갓나물 · 155
128. 연령초 · 156
129. 큰연령초 · 157
130. 선밀나물 · 158

붓꽃과 Iridaceae ·····159
131. 금붓꽃 · 159
132. 노랑무늬붓꽃 · 160
133. 각시붓꽃 · 161
134. 붓꽃 · 162

천남성과 Araceae ·····163
135. 앉은부채 · 163
136. 천남성 · 164
137. 두루미천남성 · 165
138. 섬남성 · 166
139. 무늬천남성 · 167
140. 반하 · 168

난초과 Orchidaceae ·····169
141. 복주머니란(개불알꽃) · 169
142. 금난초 · 170
143. 주름제비란 · 171
144. 나도제비란 · 172
145. 나리난초 · 174
146. 감자난초 · 175
147. 보춘화(춘란) · 176
148. 새우난초 · 177
149. 금새우난초 · 178
150. 자란 · 179

1. 「아름다운 우리꽃」 시리즈는 꽃 피는 계절에 따라 풀꽃을 봄·여름·가을 3권과·나무를 따로 1권으로 나누어 각각 150종류씩 수록했다.

2. 외래 식물과 귀화 식물은 제외하고 우리 나라에 자생하는 종만 실었다. 다만 금낭화, 머위 등 자생 여부에 논란이 있는 몇몇 종은 포함시켰다.

3. 흔하게 보는 식물이지만 학자에 따라 많은 견해 차를 보이는 식물은 부득이 제외했다.

4. 북부 지방을 포함해 우리 나라에 분포하는 식물이 확실하지만 사진을 확보하지 못한 것은 중국 측 백두산에서 촬영한 것을 사용했다.

5. 형태적 변이가 있는 식물은 변이를 보여 주기 위해 여러 사진을 사용했다. 학자에 따라서는 변종이나 품종으로 구분할 수도 있을 것이다.

6. 각 권의 식물 배열 순서는 엥글러의 분류 체계를 따랐다. 속(屬) 내에서의 차례는 알파벳순을 따랐다. 다만 편집상의 이유로 더러 바뀐 경우가 있다.

7. 학명은 최신의 연구 결과를 수용했지만, 필자의 견해를 따른 것도 있다. 앞으로 연구 결과에 따라 바뀔 수 있음을 밝혀 둔다.

8. 우리말 이름은 가장 많이 사용되는 것을 선택했다. 하지만 우리말 이름도 우선 순위를 중시해야 혼란이 없다는 사실을 중요하게 여겨, 가능하면 이 원칙을 지키려고 노력했다.

9. 이 책에 실린 모든 사진에는 촬영 장소와 날짜를 밝혔다. 이는 여기에 실린 사진이 우리 나라의 산과 들에 저절로 자라는 것을 촬영한 것임을 말한다. 필자는 이식, 재배되는 식물은 자연 상태에서는 일어날 수 없는 교배나 생리 생태적인 이상 현상이 일어날 수 있다고 보며, 더욱이 원산지에 대한 거짓 정보를 가지고 있을 가능성이 크다고 믿는다. 다만 난초과의 나도풍란, 풍란 등 몇 종은 자연에서 개화한 것을 거의 찾아볼 수 없기 때문에 재배 또는 자연에 이식한 것을 촬영해 사용했다.

10. 이 책에서 밝힌 개화 시기는 생육지의 고도와 위도에 따라 달라질 수 있다.

11. 필자가 파악한 분포나 생태적·분류학적 특징은 식물 설명문 아래에 따로 적었다. 특히 분포에 관해서는 식물 설명문에서도 필자가 직접 확인한 사실을 우선적으로 참고했고, 권위 있는 식물 표본관의 석엽 표본(腊葉標本) 목록이나 믿을 만한 저자나 저서의 견해도 일부 따랐다.

12. '찾아보기'는 봄·여름·가을 3권을 공통으로 작성하였으며, 나무는 별도로 하였다.

13. 이 책의 편집은 식물마다 아래와 같은 방법을 택했다.

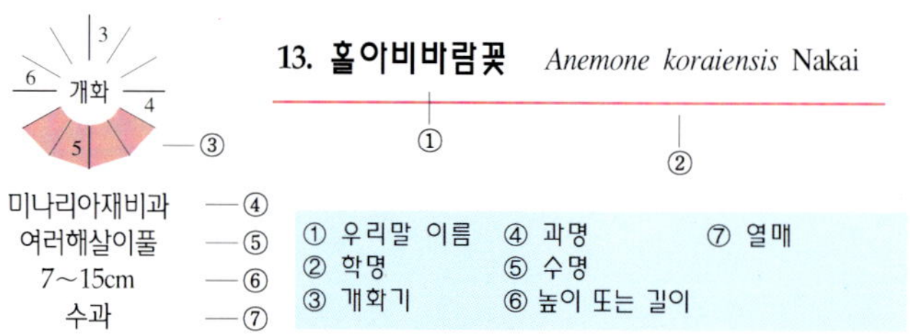

아름다운 우리꽃

봄꽃 150

노랑제비꽃

영양줄기
1998. 4. 18. 충청북도 보은

생식줄기
1998. 4. 2. 경상북도 울릉도

1. 쇠뜨기 *Equisetum arvense* L.

3
6 개화 4
5

속새과
여러해살이 양치식물
30~40cm
포자

전국의 산과 들 양지바른 곳에 자라는 여러해살이 양치식물. 생식줄기는 이른봄 영양줄기보다 먼저 나오고, 영양줄기는 생식줄기가 스러진 다음 나와 높이 30~40cm쯤 자라며, 속은 비었고 겉에 능선이 있다. 영양줄기 마디에는 비늘 모양의 잎과 줄기가 돌려 난다. 가지에도 마디가 있으며, 그 마디에 비늘 모양의 잎이 4장씩 달린다. 생식줄기 끝에 붙는 포자낭수(胞子囊穗)는 긴 타원형으로 뱀대가리 모양이며, 육각형의 포자엽이 서로 붙어 있어 거북의 등 모양이다. 각각의 포자엽 아래쪽에는 포자낭이 7개쯤 달리고, 그 안에는 4개의 탄사(彈絲)가 있는 포자가 여러 개 들어 있다.

✳ 쇠뜨기란 이름은 '소가 잘 뜯어 먹는다'는 데서 유래했으며, 생식줄기의 모양에서 '뱀밥'이라 하기도 한다. 영양줄기는 민간에서 이뇨제 등의 약재로 사용되어 왔으며, 한때 항암 효과가 있다는 소문이 퍼져 대량으로 채취되기도 했다.

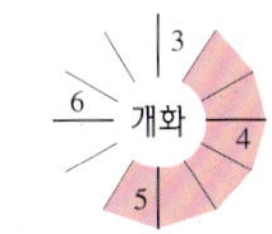

1992. 4. 25. 경기도 관악산

2. 고비 *Osmunda japonica* Thunb.

전국의 숲 가장자리 또는 계곡 근처에 자라는 여러해살이 양치식물. 덩이 모양의 뿌리줄기에서 여러 장의 잎이 모여 나와 높이 80cm쯤 자란다. 잎은 나올 때 붉은색을 띠는데, 둥그렇게 말렸다가 펴지며 흰색 솜털에 싸인다. 잎자루는 어릴 때에만 붉은 갈색 털로 덮인다. 다 자란 잎은 윤이 나고 털이 없으며 깃 모양으로 갈라진다. 작은잎은 가장자리에 잔톱니가 있고 연한 녹색이며, 길이 5~6cm, 폭 1.0~1.8cm이다. 생식잎은 이른봄 영양잎보다 먼저 나지만 여름에 영양잎 위쪽의 작은잎 뒷면에 포자낭이 발달하기도 한다.

✻ 어린잎은 삶아 말린 다음 나물로 먹는다.

고비과
여러해살이 양치식물
약 80cm
포자

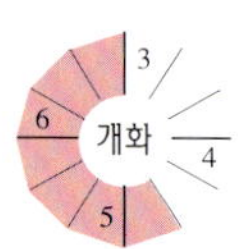

1984. 5. 20. 강원도 태백산

3. 덩굴개별꽃 *Pseudostellaria davidii* (Franch.) Pax

3 / 4 / 5 / 6 / 개화

석죽과
여러해살이풀
10~20cm
삭과

　전국의 산 속 그늘진 곳에 자라는 여러해살이풀. 뿌리는 방추형으로 굵다. 줄기는 연약하고, 꽃이 핀 다음 땅 위로 덩굴지며 길게 뻗는데 길이 10~20cm이다. 줄기 끝은 실처럼 가늘어지고 땅에 닿으면 뿌리가 난다. 잎은 마주 나고 잎자루가 없으며 가장자리가 밋밋하다. 꽃은 4월 하순부터 6월 하순에 줄기 위쪽의 잎겨드랑이에서 가늘고 긴 꽃자루가 나와 그 끝에 1개씩 달리며 흰색이다. 꽃받침잎은 5장으로 끝이 뾰족하고 녹색이며 뒷면에 흰색의 긴 털이 난다. 꽃잎은 5장으로 끝이 둥글고 꽃받침잎보다 길다. 수술은 10개이고, 꽃밥은 검은빛이 도는 보라색이다. 암술대는 3개이다. 열매는 삭과이며 4갈래로 갈라진다.

4. 노루삼

Actaea asiatica H. Hara

전국의 숲 속에 자라는 여러해살이풀. 뿌리줄기는 짧고 굵다. 줄기는 높이 40~70cm이다. 줄기에 난 잎은 2~3장이며, 줄기 아래쪽에는 비늘 모양의 잎이 있고 위쪽에는 털이 조금 있다. 잎은 겹잎이며 2~4회 3갈래로 갈라진다. 작은잎은 톱니가 있고 때로는 3갈래로 깊게 갈라지며, 어릴 때는 털이 있고 길이 4~10cm, 폭 2~6cm이다. 꽃은 5월 중순부터 6월 하순에 길이 3~5cm의 총상 꽃차례로 빽빽이 달리며 흰색이다. 꽃자루는 꽃줄기에 거의 수직으로 달리며 길이 1.0~1.5cm이다. 꽃받침잎은 꽃이 필 때 떨어지며, 꽃잎은 넓은 난형으로 길이 2.0~2.5mm이다. 수술은 많다. 열매는 장과이며 검은색으로 익고 지름 6mm쯤이다.

✻ 열매가 익을 때 열매자루가 굵어지지 않고 열매가 붉은색 또는 흰색으로 익으며 꽃차례가 보다 긴 것을 붉은노루삼(A. *ery-throcarpa* Fisch.)이라 한다. 북부 지방과 설악산 등지에 드물게 자라지만 열매가 성숙하기 전에는 구별하기 어렵다.

미나리아재비과
여러해살이풀
40~70cm
장과

1995. 5. 30. 강원도 가리왕산

붉은노루삼 열매
1996. 9. 3. 백두산

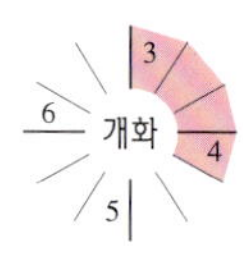

1995. 3. 20. 제주도 한라산

5. 변산바람꽃 *Eranthis pinnatifida* Maxim.

미나리아재비과
여러해살이풀
10~30cm
골돌과

마이산, 변산반도, 설악산의 동해 쪽 계곡, 지리산, 한라산의 낙엽수림 밑에 자라는 여러해살이풀. 줄기는 높이 10~30cm이다. 덩이줄기는 둥글고 지름 1.5cm쯤이다. 뿌리에서 난 잎은 오각상 원형으로 길이와 폭이 각각 3~5cm이며 3갈래로 깊게 갈라진다. 꽃줄기는 뿌리에서 나고 높이 10cm쯤이며 총포엽이 2장 달린다. 총포엽은 잎자루가 없으며 3~4갈래로 갈라지고, 각 갈래는 끝이 둔한 선형이다. 꽃자루는 털이 없고 길이 1cm쯤이다. 꽃받침잎은 흰색이고 5~7장으로 꽃잎처럼 보인다. 꽃잎은 4~11장이며 깔때기 모양이고 노란빛이 도는 녹색이며 길이 3~4mm이다. 수술은 많고 길이 5~8mm이다. 암술은 2~8개이다. 열매는 골돌과이며 길이 1cm쯤이다. 씨는 1~5개이며 갈색이고 둥글다.

❋ 전북대학교 선병윤 교수가 전라북도 변산반도에서 발견해 1993년 한국 특산의 신종(*E. byunsanensis* B. Sun)으로 발표했다. 그러나 한국식물연구원 원장이신 이영노 교수는 일본 특산으로 알려져 온 식물과 같은 것으로 취급하고 있다.

1996. 4. 6. 강원도 설악산

6. 너도바람꽃 *Eranthis stellata* Maxim.

제주도를 제외한 전국의 높은 산 계곡 주변에 자라는 여러해살이풀. 땅 속에 둥근 덩이줄기가 있다. 줄기는 높이 15cm쯤이다. 뿌리에서 난 잎은 잎자루가 길고 3갈래로 깊게, 다시 깃 모양으로 작게 갈라진다. 꽃줄기는 뿌리에서 나며, 끝 부분에 돌려 난 것처럼 보이는 총포엽이 달린다. 꽃은 지름 2cm쯤의 흰색으로 3월 초순부터 4월 중순에 꽃줄기 끝에서 난 길이 1cm쯤의 꽃자루에 1개씩 달리는데, 드물게 2개가 달리기도 한다. 꽃받침잎은 꽃잎처럼 보이며, 5~7장이다. 꽃잎은 작아서 수술처럼 보이며, 끝이 2갈래로 갈라져 노란색 꿀샘으로 된다. 열매는 골돌과이며 2~5개가 달린다.

❋ 예전에는 경기도와 강원도 이북에 자라는 것으로 알려졌었다. 꽃이 매우 이른봄에 피고 키가 작기 때문에 식물상 조사에서 빠뜨리기 쉬운 식물이며, 학명에 대한 재검토가 요구된다.

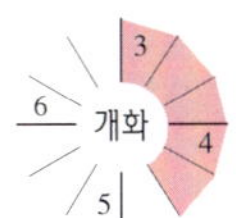

미나리아재비과
여러해살이풀
약 15cm
골돌과

꽃자루가 두 개인 것
1996. 4. 23. 경북 주흘산 ⓒ 김영호

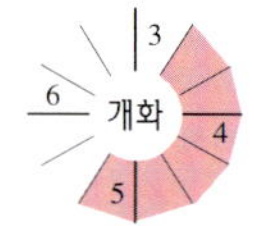

1996. 4. 28. 경기도 천마산

7. 만주바람꽃 *Isopyrum mandshuricum* (Kom.) Kom.

미나리아재비과
여러해살이풀
15~20cm
골돌과

경상북도 이북의 높은 산 계곡 주변에 자라는 여러해살이풀. 줄기는 높이 15~20cm이다. 보리알 같은 덩이뿌리가 주렁주렁 달린 땅속줄기가 옆으로 길게 뻗는다. 뿌리에서 난 잎은 잎자루가 길고 밑에 흰색 포가 있으며 2회 3갈래로 갈라진다. 줄기에 난 잎은 2~3장이며 짧은 잎자루 끝에서 3갈래로 갈라지는데, 작은잎에도 짧은 잎자루가 있다. 잎은 연한 녹색이지만 붉은빛을 띠기도 한다. 꽃은 3월 중순부터 5월 초순에 줄기 위쪽의 잎겨드랑이에서 난 꽃자루에 1개씩 달리며 흰색 또는 노란빛이 조금 도는 흰색이다. 꽃받침잎은 5장으로 꽃잎처럼 보이며 길이 7mm쯤이다. 열매는 골돌과이며 둥글고, 끝에 짧은 부리가 있고 2개씩 달린다.

✻ 1970년대 초 경기도 남양주시 천마산 부근에서 전의식 선생에 의해 처음 발견되어 이영노 교수의 동정으로 알려진 이래 화천 광덕산, 남양주 예봉산, 천안 광덕산, 문경 주흘산 등지에서도 분포가 확인되고 있다.

1996. 4. 9. 강원도 설악산

8. 나도바람꽃 *Isopyrum raddeanum* (Regel) Maxim.

중부 이북의 높은 산 습기가 많고 그늘진 곳에 자라는 여러해살이풀. 짧은 뿌리줄기 아래에 수염뿌리가 발달한다. 줄기는 곧추서고 밑부분에 비늘 모양의 잎이 있으며 높이 20~30cm이다. 뿌리에서 난 잎은 2~3장이며 잎자루가 길다. 줄기에 난 잎은 보통 1장이며 줄기 위쪽에 달리고 잎자루가 짧다. 잎은 3갈래로 갈라진 겹잎으로 각각의 작은잎은 다시 3갈래로 갈라진다. 꽃은 4월 중순부터 5월 중순에 줄기 끝의 잎처럼 생긴 포 위에 4~5개가 산형 꽃차례로 달린다. 꽃자루는 길이 3cm, 꽃은 지름 1.2cm쯤이다. 꽃잎은 없고, 꽃잎처럼 보이는 꽃받침잎이 4~5장이다. 암술은 3~5개이다. 열매는 골돌과이며 길이 4~5mm이다.

✳ 강원도 이북에 분포하는 것으로 알려져 왔지만 경기도 축령산, 충청북도 소백산, 전라북도 덕유산, 경상북도 주흘산 등지에도 자생한다. *Enemion*속으로 분류하기도 한다.

미나리아재비과
여러해살이풀
20~30cm
골돌과

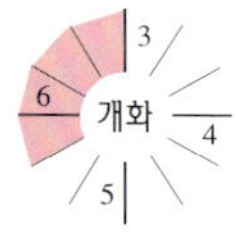

1995. 5. 31. 강원도 가리왕산

9. 매발톱꽃 *Aquilegia buergeriana* Siebold et Zucc. var. *oxysepala* (Trautv. et C. A. Mey.) Kitam.

미나리아재비과
여러해살이풀
30~130cm
골돌과

전국의 계곡과 풀밭 양지바른 곳에 자라는 여러해살이풀. 줄기는 가지가 갈라지며 매끈하고 자줏빛이 돌며 높이 30~130cm이다. 줄기 밑에서 난 잎은 여러 장이 모여 나며 잎자루가 길고 2회 3갈래로 갈라지는 겹잎이다. 줄기에 난 잎은 겹잎으로, 위로 갈수록 잎자루가 짧다. 꽃은 5월 하순부터 7월 하순에 가지 끝에서 밑을 향해 달린다. 꽃받침잎은 꽃잎처럼 보이며 5장으로 갈색빛이 도는 자주색이고 길이 2cm쯤이다. 꽃잎은 5장으로 노란색이며 꽃받침잎과 번갈아 늘어선다. 꽃잎의 아래쪽에 거(距)가 있는데, 끝이 안으로 구부러지고 밖으로 나온다. 수술은 많으며 안쪽의 것은 꽃밥이 없는 헛수술이다. 암술은 5개이다. 열매는 골돌과이며 위를 향해 달린다.

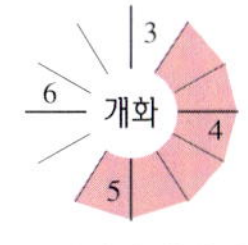

1990. 3. 18. 제주도

10. 개구리발톱 *Semiaquilegia adoxoides* (DC.) Makino

전라도, 제주도의 저지대에 자라는 여러해살이풀. 땅 속에 검은빛이 도는 덩이줄기가 있다. 줄기는 가지가 갈라지며 털이 있고 높이 15~35cm이다. 줄기 아래쪽의 뿌리 부근에서 잎이 몇 장 나는데, 이 잎은 잎자루가 길며 3장의 작은잎으로 된 겹잎이다. 작은잎은 잎자루가 짧고 3 갈래로 깊게 갈라진다. 잎 뒷면은 보랏빛이 조금 돈다. 꽃은 3월 중순부터 5월 초순에 피고, 꽃자루가 아래로 구부러져 밑을 향하며, 분홍빛이 도는 흰색이다. 꽃받침잎은 5장으로 꽃잎처럼 보이고 길이 5~7mm이다. 꽃잎은 5장으로 길이 2.5~3.0mm이며 밑부분은 통처럼 되고 짧은 거(距)가 있다. 수술은 9~14개이며 안쪽의 몇 개는 납작한 헛수술이다. 암술은 3~5개이며 암술대가 없다. 열매는 골돌과이며 길이 5~6mm이다.

미나리아재비과
여러해살이풀
15~35cm
골돌과

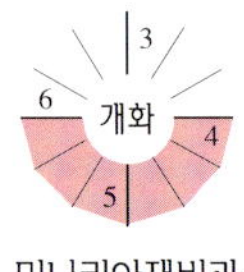

1996. 5. 6. 강원도 설악산

1986. 5. 6. 충청북도 소백산

11. 동의나물　*Caltha palustris* L. var. *nipponica* H. Hara

미나리아재비과
여러해살이풀
30~60cm
골돌과

　제주도를 제외한 전국의 산 속 습기가 있는 곳에 자라는 여러해살이풀. 흰색의 굵은 수염뿌리가 발달한다. 줄기는 매끈하고 높이 30~60cm이다. 줄기가 연약하기 때문에 옆으로 비스듬히 자라 그 곳에서 뿌리가 나며 위쪽은 곧추선다. 뿌리에서 난 잎은 모여 나고 잎자루가 길며 둥근 심장형으로 큰 것은 지름 20cm이다. 잎 가장자리는 톱니가 있고 물결 모양으로 되기도 한다. 줄기에 난 잎은 잎자루가 짧거나 없다. 꽃은 4월 초순부터 5월 하순에 줄기 위쪽에서 난 꽃자루에 달리며 진한 노란색이고 지름 2~3cm이다. 꽃자루는 보통 2개이며 길이 5~11cm이다. 꽃받침잎은 5~7장으로 꽃잎처럼 보인다. 꽃잎은 없다. 수술은 많고 암술은 4~16개이다. 열매는 골돌과이며 끝에 짧은 부리가 있고 길이 1cm쯤이다.

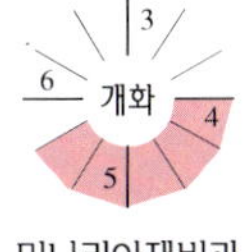

1981. 5. 6. 충청북도 소백산

12. 모데미풀 *Megaleranthis saniculifolia* Ohwi

　금강산 이남의 높은 산 계곡 주변과 습기가 많은 능선에 자라는 한국 특산의 여러해살이풀. 뿌리에서 여러 개의 줄기와 잎이 모여 난다. 줄기는 높이 20~40cm이다. 뿌리에서 난 잎은 잎자루가 길고 3갈래로 완전히 갈라진 다음 다시 깊게 2~3갈래로 갈라지고, 가장자리에 끝이 뾰족한 톱니가 있다. 잎 양면에 털이 없다. 꽃은 4월 초순부터 5월 중순에 잎처럼 생긴 포 가운데에서 난 길이 5mm쯤의 꽃자루에 1개씩 달리며 흰색이고 지름 2~3cm이다. 꽃받침잎은 꽃잎처럼 보이며, 보통 끝이 얕게 갈라진다. 열매는 골돌과이며 방사상으로 달리고 털이 없다.

　✻ 금매화속(*Trollius*)에 포함시켜야 한다는 주장도 있지만, 속 자체가 우리 나라에만 자라는 특산식물이다. 지리산 운봉 무덤에서 일본 식물학자 Jisaburo Ohwi에 의해 처음 발견되었으며, 화천 광덕산, 덕유산, 설악산, 소백산, 남양주 축령산, 태백산, 한라산 등지에 분포한다.

미나리아재비과
여러해살이풀
20~40cm
골돌과

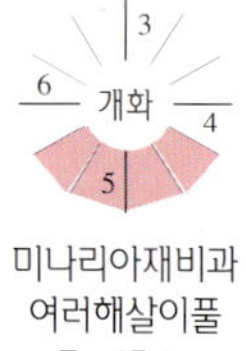

2000. 5. 21. 경상북도 주흘산

13. 홀아비바람꽃 *Anemone koraiensis* Nakai

개화
6 3
5 4

미나리아재비과
여러해살이풀
7~15cm
수과

　강원도, 경기도, 충청북도, 경상북도 및 북부 지방의 높은 산 습기가 있는 곳에 자라는 여러
해살이풀. 줄기는 높이 7~15cm이다. 뿌리에서 난 잎은 1~2장인데, 손바닥 모양으로 길이
2cm, 폭 4cm쯤이고 5갈래로 갈라진다. 꽃은 4월 중순부터 5월 중순에 줄기 끝에서 난 꽃자루
에 1개씩 달리지만 드물게 2개씩 달리기도 하며 흰색이고 지름 1.5cm쯤이다. 꽃자루에 털이
난다. 꽃자루 밑의 총포엽은 3갈래로 깊게 갈라진다. 꽃받침잎은 보통 5장이나 변이가 있으며
꽃잎처럼 보인다. 꽃잎은 없다. 수술과 암술은 많고, 꽃밥은 노란색이다. 열매는 수과이다.

　✻ 강원도의 광덕산·설악산·태백산, 경기도의 명지산·천마산·축령산, 충청북도의 소백산, 경상북
도의 주흘산 등지에 무리를 지어 자란다.

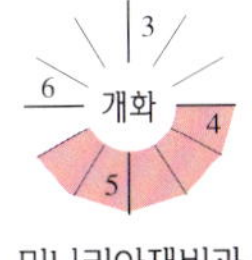

1997. 4. 4. 강원도 광덕산

14. 꿩의바람꽃　*Anemone raddeana* Regel

　전국의 높은 산 습기가 많은 숲 속에 자라는 여러해살이풀. 뿌리줄기는 육질이며 옆으로 뻗는다. 꽃줄기는 가지가 갈라지지 않고 높이 15~20cm이다. 잎은 뿌리에서 나며 잎자루가 길고 1~2회 3갈래로 갈라진다. 꽃줄기 끝에 붙는 총포엽은 3장인데, 각각 3갈래로 갈라진다. 꽃은 4월 초순부터 5월 중순에 총포엽 가운데에서 난 꽃자루에 1개씩 달리고 흰색이며 지름 3~4cm이다. 꽃자루는 처음에는 긴 털이 나고 길이 2~3cm이다. 꽃받침잎은 8~13장으로 꽃잎처럼 보이고, 긴 타원형으로 길이 2cm쯤이다. 수술과 암술은 많고 씨방에 털이 난다. 열매는 수과이다.

미나리아재비과
여러해살이풀
15~20cm
수과

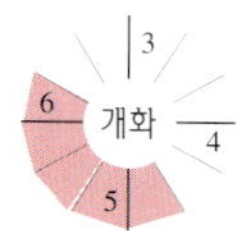

1999. 6. 11. 제주도 한라산

15. 세바람꽃 *Anemone stolonifera* Maxim.

미나리아재비과
여러해살이풀
10~20cm
수과

제주도 한라산 해발 700m 이상의 계곡 주변과 습기가 많은 곳에 자라는 여러해살이풀. 뿌리줄기는 짧고 잔뿌리가 많다. 줄기는 여러 대가 모여 나며 비스듬히 서거나 옆으로 눕고 높이 10~20cm이다. 뿌리에서 난 잎은 잎자루가 길고 3장의 작은잎으로 갈라진 다음 다시 깊게 2갈래로 갈라진다. 작은잎은 잎 가장자리에 톱니가 있고 양면에 털이 난다. 총포엽은 3장이며 깊게 갈라지고 짧은 잎자루가 있다. 꽃은 흰색으로 4월 하순부터 6월 초순에 피며 1~3개씩 달린다. 꽃자루는 꽃이 핀 다음에도 계속 자라 길이 3~10cm에 이르고 털이 있다. 꽃받침잎은 보통 5장이지만 드물게 6~7장이며, 타원형으로 길이 8mm쯤이고 꽃잎처럼 보인다. 열매는 수과이다.

1997. 5. 6. 강원도 설악산

16. 회리바람꽃 *Anemone reflexa* Stephan et Willd.

강원도, 경기도, 충청북도, 경상북도 및 북부 지방의 산 속 그늘진 곳에 자라는 여러해살이 풀. 뿌리줄기는 육질이며 옆으로 뻗는다. 줄기는 곧추서며 높이 15~30cm이다. 뿌리에서 난 잎은 없고 줄기 위쪽에 총포엽 3장이 돌려 난다. 총포엽은 3갈래로 완전히 갈라진다. 작은잎은 깃 모양으로 길이 3~7cm이며 가장자리에 톱니가 있고 양면에 털이 난다. 꽃은 4월 중순부터 6월 초순에 길이 2~3cm의 꽃자루에 보통 1개씩 달리지만, 드물게 꽃자루가 2~4개 나기도 한다. 꽃자루에 털이 난다. 꽃받침잎은 5장으로 꽃이 필 때 밑으로 완전히 젖혀지고 꽃잎은 없기 때문에 꽃에 수술만 있는 것처럼 보이며, 수술의 색과 같은 노란색이다. 열매는 수과이다.

✽ 북방계 식물로 알려져 있지만, 경기도 유명산이나 충청북도 소백산, 경상북도 주흘산 등지에 널리 자생한다.

미나리아재비과
여러해살이풀
15~30cm
수과

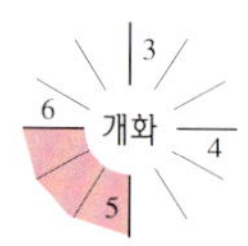

1994. 5. 20. 백두산

17. 분홍할미꽃 *Pulsatilla dahurica* (Fisch.) Spreng.

미나리아재비과
여러해살이풀
25~40cm
수과

　북부 지방의 산과 들 양지바른 곳에 자라는 여러해살이풀. 전체에 긴 털이 많다. 뿌리줄기는 굵고 곧으며 검은빛이 도는 갈색이다. 줄기는 높이 25~40cm이다. 잎은 뿌리에서 7~9장이 모여 나고 잎자루는 길이 3~15cm인데 5장의 작은잎으로 이루어진 겹잎이다. 꽃줄기 위쪽에 총포엽이 3장 있다. 꽃은 5월에 꽃줄기 끝에 1개씩 달리며 종형이고 연한 분홍색이다. 꽃자루는 길이 2.5~4.5cm이다. 꽃받침잎은 6장으로 긴 타원형이며 꽃잎처럼 보이고 겉에 짧고 부드러운 털이 많다. 열매는 수과이며 끝에 깃 모양의 암술대가 남아 있고 길이 4.0~5.5cm이다.

1997. 4. 5. 경상남도 남덕유산

18. 할미꽃 *Pulsatilla cernua* (Thunb.) Brecht. et Opiz var. *koreana* (Nakai) Y. Lee

제주도를 제외한 전국의 건조한 양지에 자라는 여러해살이풀. 전체에 긴 털이 빽빽이 난다. 줄기는 높이 30~40cm이다. 잎은 뿌리에서 여러 장이 나고 잎자루가 길며, 5장의 작은잎으로 이루어진 깃꼴겹잎이다. 작은잎은 깊게 갈라지고 앞면은 진한 녹색이다. 잎의 마지막 갈래는 조금 넓은 피침형이다. 꽃은 3월 하순부터 5월 초순에 피고 긴 종형이며 검붉은 자주색이다. 꽃받침잎은 6장이며 긴 타원형으로 길이 3~4cm이고 겉에 긴 솜털이 많다. 열매는 수과이며 끝에 깃 모양의 암술대가 남아 있고 길이 4cm쯤이다.

✽ 제주도와 일본에 자라는 가는잎할미꽃〔*P. cernua* (Thunb.) Spreng.〕의 변종으로, 중국 학자들은 가는잎할미꽃과 할미꽃을 통합하기도 한다.

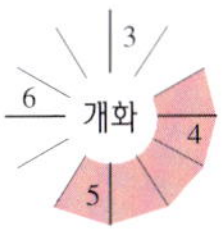

미나리아재비과
여러해살이풀
30~40cm
수과

1995. 3. 16. 제주도 한라산

19. 노루귀 *Hepatica asiatica* Nakai

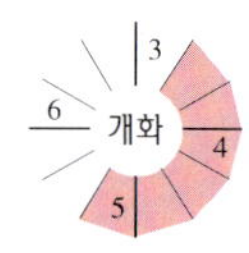

미나리아재비과
여러해살이풀
8~20cm
수과

전국의 숲 속에 자라는 여러해살이풀. 땅 속의 뿌리줄기는 가늘고 길며 수염뿌리가 있다. 줄기는 높이 8~20cm이다. 흰색의 긴 털이 많다. 잎은 뿌리에서 나며 3~6장이다. 잎몸은 3갈래로 갈라진 삼각형이며 밑은 심장형이고 끝은 둔하며, 처음에는 털이 많으나 자라면서 없어지고 앞면에 보통 얼룩 무늬가 없지만 있는 경우도 있다. 꽃은 3월 중순부터 5월 초순에 뿌리에서 난 1~6개의 꽃줄기에 잎보다 먼저 위를 향해 피고 흰색, 분홍색, 보라색 등이며 지름 1.0~1.5cm이다. 꽃 바로 밑에 잎처럼 생긴 포가 3장 달린다. 꽃받침잎은 6~11장이고 꽃잎처럼 보인다. 꽃잎은 없다. 수술은 많으며 노란색이다. 열매는 수과이다.

✽ 노루귀란 이름은 꽃대나 잎이 올라올 때 '노루의 귀'를 닮아서 붙여진 것이며, 속명(屬名) *Hepatica*는 간장(肝腸)이라는 뜻으로, 완전히 펴진 잎의 모양에서 유래했다.

분홍꽃 1995. 3. 27.
전라남도 돌산도

보라꽃 1996. 4. 9. 강원도 설악산

1985. 3. 20. 제주도 한라산

20. 새끼노루귀 *Hepatica insularis* Nakai

　남해안 섬과 제주도의 숲 속에 자라는 여러해살이풀. 뿌리줄기는 가늘고 길며 수염뿌리는 많다. 줄기는 높이 5~15cm이다. 잎은 뿌리에서 여러 장이 모여 나며 잎자루가 길다. 잎 앞면은 진한 녹색 바탕에 흰색 무늬가 있으며, 뒷면은 연한 녹색이다. 잎몸은 길이 1~2cm로 3갈래로 갈라진다. 갈래는 난형 또는 난상 원형으로 끝이 둔하다. 잎 양면에 털이 나며 가장자리가 밋밋하다. 꽃은 3월 중순부터 4월 하순에 잎보다 먼저 긴 꽃줄기 끝에 1개씩 달리고 흰색 또는 붉은 보라색이다. 포엽은 3장이며 난형으로 길이 1cm쯤이고 털이 있다. 꽃받침잎은 꽃잎처럼 보이며 길이 0.9~1.0cm이다. 열매는 수과이며 털이 있다.

미나리아재비과
여러해살이풀
5~15cm
수과

21. 섬노루귀

Hepatica maxima Nakai

울릉도의 숲 속에 자라는 한
국 특산의 여러해살이풀. 전체
에 흰색의 긴 털이 많다. 땅 속
의 뿌리줄기는 가늘고 길며 수
염뿌리가 많다. 높이 9~30cm
이다. 잎은 3~6장이 뿌리에서
나와 사방으로 퍼지며 잎자루
는 길이 14~28cm이다. 잎몸은
3갈래로 크게 갈라지고 두꺼우
며 폭 8cm 이상이다. 잎 끝은
보통 둥글다. 꽃은 4월 초순부
터 5월 중순에 뿌리에서 난 높
이 6~19cm의 꽃줄기 끝에 1개
씩 위를 향해 달리고 흰색 또
는 연한 분홍색이며 지름 1.5cm
쯤이다. 포엽은 3장이며 길이
1.0~2.5cm, 폭 0.6~2.0cm이다.
꽃받침잎은 6~8장이며 꽃잎처
럼 보인다. 꽃잎은 없다. 씨방
에 털이 없다. 열매는 수과이며
길이 5~6mm로 매우 짧다.

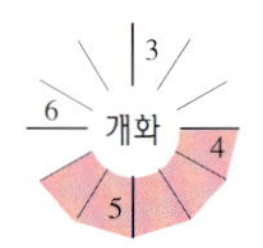

미나리아재비과
여러해살이풀
9~30cm
수과

1996. 5. 10. 경상북도 울릉도

연분홍꽃 1997. 4. 9. 경상북도 울릉도

1996. 5. 6. 강원도 설악산

22. 왜미나리아재비 *Ranunculus franchetii* H. Boissieu

　강원도 이북의 고지대에 자라는 여러해살이풀. 전체에 털이 조금 난다. 줄기는 곧추서지만 연약하고 높이 20~30cm이다. 뿌리에서 난 잎은 잎자루가 길고 3갈래로 깊게 갈라지며 길이 2.0~2.5cm, 폭 2.5cm쯤이다. 줄기에 난 잎은 잎자루가 없거나 짧으며 3갈래로 깊게 갈라지고 갈래는 선형이다. 꽃은 4월 중순부터 5월 중순에 줄기 끝에 1~3개씩 달리고 노란색이며 지름 1.5~2.0cm이다. 꽃줄기는 가늘고 높이 3~8cm이다. 꽃받침잎은 5장인데 겉에 성긴 털이 조금 나거나 없으며 길이 6~7mm이다. 꽃잎은 5장이며 길이 1.0~1.2cm이다. 열매는 수과이며 여러 개가 모여 둥글게 된다.

미나리아재비과
여러해살이풀
20~30cm
수과

1998. 4. 28. 인천광역시 강화도

23. 매화마름

Ranunculus kazusensis Makino

전국의 늪이나 오래 된 연못에 자라는 여러해살이풀. 줄기는 속이 비고 가지가 갈라지며 길이 50cm쯤이다. 줄기의 마디에서 가는 뿌리가 난다. 물 속의 잎은 어긋 나며 3~4회 가는 실처럼 갈라지고 마디에 있는 턱잎은 작으며 잔털이 있다. 꽃은 4월 중순부터 8월 중순에 잎과 마주 난 꽃자루가 물 위로 올라와 그 끝에 1개씩 달리며 흰색이고 지름 1cm쯤이다. 꽃받침잎은 5장으로 녹색이고 길이 3.0~4.5mm이다. 꽃잎은 5장이며 길이 6~9mm이다. 수술과 암술은 많으며 수술은 노란색이다. 열매는 수과이며 여러 개가 모여서 둥글게 된다.

✻ 과거에는 서울에서도 채집되었지만 연못과 늪이 대부분 파괴된 지금은 강화도 등 일부 지역에서만 발견되고 있다. 환경부가 1998년부터 멸종위기 야생식물 4호로 지정해 보호하고 있다.

미나리아재비과
여러해살이풀
약 50cm
수과

뭍에서 자라는 모습 1998. 4. 28. 인천광역시 강화도

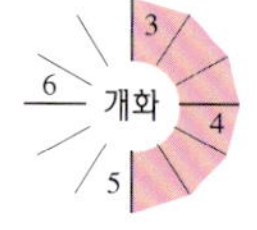

1989. 3. 4. 제주도 한라산

은빛복수초
1995. 3. 21. 제주도 산굼부리

24. 복수초 *Adonis amurensis* Regel et Radde

미나리아재비과
여러해살이풀
30~40cm
수과

개화
3
4
5
6

　　전국의 비교적 높은 산 숲 속에 자라는 여러해살이풀. 뿌리줄기는 짧고 굵으며 검은 갈색의 잔뿌리가 많다. 줄기는 곧추서며 꽃이 필 때에는 높이 5~15cm이지만 꽃이 진 다음 더 자라서 30~40cm가 된다. 드물게 가지가 갈라진다. 잎은 어긋 나며 3~4회 깃 모양으로 갈라지는 겹잎이다. 아래쪽에 달린 잎의 잎자루는 길지만 위쪽으로 갈수록 짧다. 꽃은 3월 초순부터 4월 하순에 줄기 끝 또는 가지 끝에 1개씩 달리며 노란색이고 지름 3~4cm이다. 꽃받침잎은 보통 9장으로 검은 갈색이며 길이는 꽃잎과 비슷하거나 조금 길다. 꽃잎은 10~30장이고 길이 1.4~ 2.0cm, 폭 5~7mm이다. 수술과 암술은 많다. 열매는 수과이며 여러 개가 모여 둥글게 된다.

❋ 식물체가 작은 것을 애기복수초(*A. amurensis* ssp. *nanus* Y. Lee), 가지가 갈라지는 것을 가지복수초 (*A. amurensis* var. *ramosa* Makino), 꽃의 색에 따라 연노랑복수초(*A. amurensis* for. *viridescensicalyx* Y. Lee)와 은빛복수초(*A. amurensis* for. *argentatus* Y. Lee) 등으로 구분하기도 한다.

1990. 4. 24. 강원도 화천

25. 삼지구엽초 *Epimedium koreanum* Nakai

경기도 이북의 계곡 주변에 자라는 여러해살이풀. 뿌리줄기는 단단하고 옆으로 뻗으며 수염뿌리가 많다. 줄기는 한 포기에서 여러 대가 나며 높이 30cm쯤이다. 뿌리에서 난 잎은 잎자루가 길고 줄기에 난 잎은 잎자루가 조금 짧은데, 2회 3갈래로 갈라진다. 작은잎은 난형으로 길이 10cm쯤이며 끝은 뾰족하고 밑은 심장형이다. 잎 가장자리에는 가시 모양의 톱니가 있다. 꽃은 4월 중순부터 5월 중순에 겹총상 꽃차례로 드문드문 밑을 향해 달리며 노란빛이 도는 흰색이다. 꽃받침잎은 8장으로 꽃잎처럼 보이며 바깥쪽의 4장은 일찍 떨어진다. 꽃잎은 4장이며 둥글고 긴 거(距)가 있다. 수술은 4개, 암술은 1개이다. 열매는 삭과이며 길이 1.0~1.3cm이다.

✻ 최근 경상남도 지리산에서 발견되어 학계의 관심을 끌기도 했다. 한방에서 '음양곽'이라 한다. 전초를 강정제로 사용하기 때문에 무분별하게 채취되고 있다. 환경부가 1997년까지 특정 야생식물 66호로 지정해 보호한 바 있다. 일본 홋카이도와 혼슈에도 분포한다.

개화
매자나무과
여러해살이풀
약 30cm
삭과

26. 깽깽이풀

Jeffersonia dubia Benth. et Hook.

제주도를 제외한 전국의 산중턱 아래에 드물게 자라는 여러해살이풀. 높이 20cm쯤이다. 뿌리줄기는 짧고 옆으로 뻗으며 수염뿌리가 많다. 원줄기는 없다. 잎은 뿌리에서 여러 장이 나며 잎자루가 길다. 잎몸은 둥근 모양으로 지름 15cm쯤이며, 밑부분은 심장형이고 끝은 오목하며 가장자리는 물결 모양이다. 꽃은 4월 초순부터 5월 중순에 잎이 나기 전에 뿌리에서 난 긴 꽃자루 끝에 1개씩 달리며 붉은 보라색 또는 드물게 흰색이고 지름 2cm쯤이다. 꽃받침잎은 4장이며 피침형이다. 꽃잎은 6~8장이며 난형이다. 수술은 8개, 암술은 1개이다. 열매는 골돌과이며, 씨는 검은색으로 윤이 난다.

✽ 환경부가 1998년부터 보호야생식물 27호로 지정해 보호하고 있다.

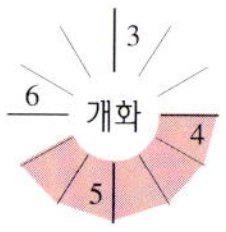

매자나무과
여러해살이풀
20cm
골돌과

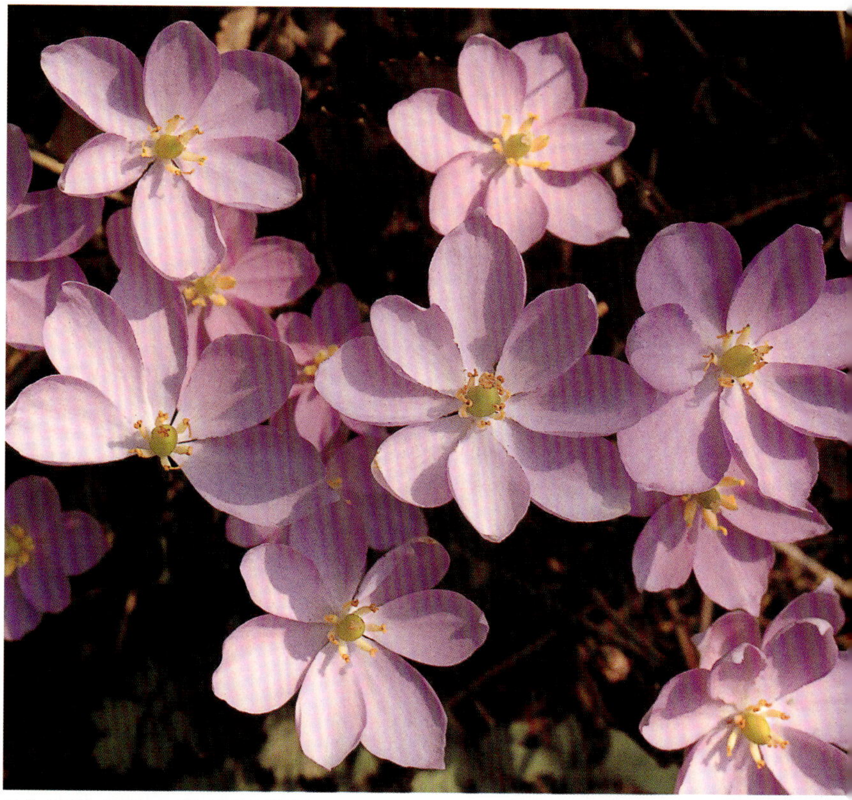

붉은 보라꽃 1995. 4. 20. 경기도 관악산

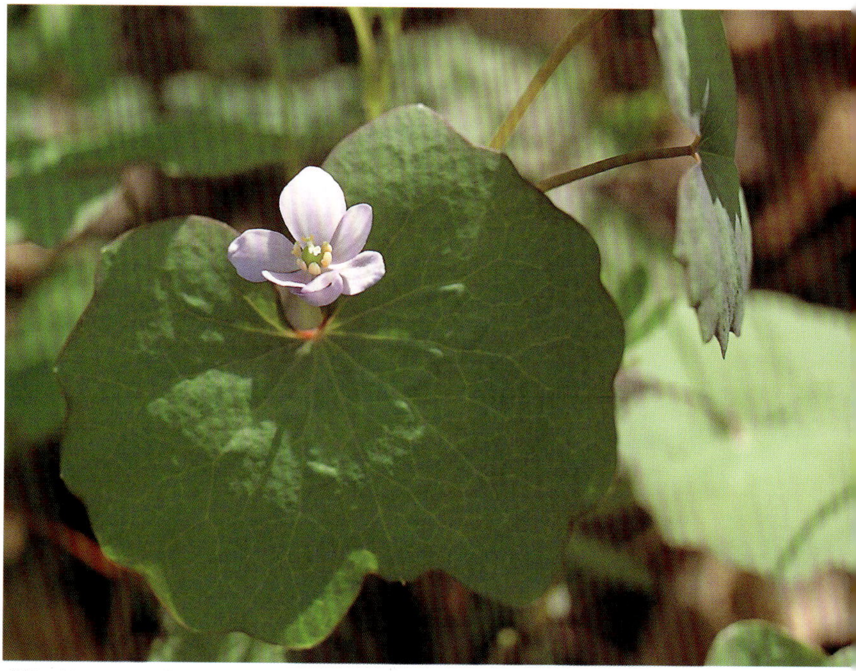

흰꽃 1995. 5. 20. 백두산

1996. 5. 6. 강원도 점봉산

27. 한계령풀 *Gymnospermium microrhynchum* (S. Moore) Takht.

강원도 가리왕산·금대봉·오대산·점봉산·태백산 및 북부 지방의 고지대에 자라는 여러해살이풀. 전체가 연한 녹색으로 털이 없으며 연약하다. 실처럼 가늘어지는 뿌리줄기의 20cm쯤 아래에 둥근 덩이뿌리가 있는데, 여기에서 수염뿌리가 난다. 줄기는 덩이뿌리에서 1대가 나고 곧추서며 높이 30~50cm이다. 5월 하순부터 6월 초순에 열매가 성숙하고 나면 시든다. 잎은 2회 3갈래로 갈라지는 겹잎으로 작은잎은 가장자리가 밋밋하고 길이 6~7cm이다. 꽃은 4월 하순부터 5월 초순에 줄기 끝에 총상 꽃차례로 달리고 노란색이다. 꽃봉오리가 눈 속에서 끝이 구부러진 줄기와 함께 발달해 땅에 올라오자마자 꽃이 피기 시작한다. 꽃자루는 길이 3~4cm 이지만 위로 갈수록 짧다. 꽃받침잎과 꽃잎은 각각 4장이다. 수술은 4개이다. 열매는 삭과이며 둥글고 익으면 씨가 튄다.

✽ 환경부가 1998년부터 보호 야생식물 28호로 지정해 보호하고 있는데, 세계적으로 특정 지역에만 불연속 분포하는 식물이므로 보호가 절실하다. 덩이뿌리가 있어 북부 지방에서는 '멧감자'라고 한다.

매자나무과
여러해살이풀
30~50cm
삭과

1996. 5. 25. 강원도 설악산

28. 홀아비꽃대　*Chloranthus japonicus* Siebold

홀아비꽃대과
여러해살이풀
20~30cm
삭과

　전국의 산 숲 속에 자라는 여러해살이풀. 땅속줄기에 마디가 있고 수염뿌리가 많다. 줄기는 곧추서고 높이 20~30cm이고 3~4마디가 있으며 윤이 나고 보라색을 띤다. 잎은 줄기 끝에 보통 4장이 나는데, 2장씩 마주 나지만 가까이 있어 돌려 난 것처럼 보인다. 잎몸은 난형 또는 타원형으로 길이 8~16cm이고 윤기가 조금 나며 가장자리에 날카로운 톱니가 있다. 꽃은 4월 중순부터 5월 하순에 길이 3cm쯤의 이삭 꽃차례로 달리고 화피가 없으며 흰색이다. 수술은 3개로 흰색 실 같으며 길이 4~5mm이고 밑부분이 합쳐져 씨방의 등 쪽에 붙는다. 바깥쪽 2개의 수술에만 밑부분 아래쪽에 꽃밥이 붙는다. 열매는 삭과이며 둥글다.

　✳ 홀아비꽃대와 혼동하기 쉬운 옥녀꽃대〔*C. fortunei* (A. Gray) Solms var. *koreanus* (Nakai) Higama〕는 남부 지방과 제주도에 자라는 한국 특산식물로 수술이 1cm쯤으로 길고 꽃밥이 수술대 밑부분 안쪽에 달리는 등 다른 점이 많다.

1997. 4. 16. 강원도 설악산

1996. 5. 25. 강원도 설악산

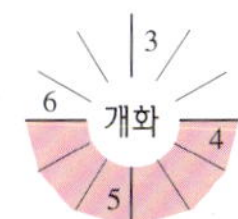

29. 족도리풀　*Asarum sieboldii* Miq.

　　전국의 산 숲 속에 자라는 여러해살이풀. 뿌리줄기는 마디가 많고 육질이며 매운 맛이 난다. 수염뿌리가 많다. 잎은 뿌리줄기 끝에서 1~2장이 나며, 잎자루는 자줏빛이 돌고 길다. 잎몸은 심장형 또는 신장형으로 길이와 폭이 각각 5~10cm이며 가장자리가 밋밋하다. 잎 앞면은 녹색이고 털이 없으며, 뒷면은 맥 위에 잔털이 난다. 꽃은 4월 초순부터 5월 하순에 잎 사이에서 난 꽃줄기에 달리며 족두리 모양이고 위쪽이 3갈래로 갈라지는데 갈래는 삼각형이다. 검은빛이 도는 자주색이며 지름 1.0~1.5cm이다. 수술은 12개, 암술대는 6개이다. 열매는 장과 모양이며 둥글고 해면질이며 안에 씨가 20개쯤 들어 있다.

　※ 한방에서 '세신(細辛)'이라 하는 약용식물이다.

쥐방울덩굴과
여러해살이풀
5~10cm
장과 모양

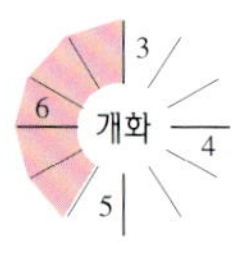

1983. 5. 4. 전라남도 지리산

30. 백작약 *Paeonia japonica* (Makino) Miyabe et Takeda

작약과
여러해살이풀
50~60cm
골돌과

　전국의 산 숲 속에 자라는 여러해살이풀. 뿌리는 2~3갈래로 갈라지고 마디가 있으며 흰색이다. 줄기는 곧추서며 높이 50~60cm이다. 잎은 어긋 나며 1~2회 3갈래로 갈라지는 겹잎으로 잎자루가 길다. 잎몸은 도란형 또는 타원형으로 길이 5~12cm, 폭 3~7cm이며 가장자리가 밋밋하다. 잎 앞면은 녹색이고 뒷면은 흰빛이 난다. 꽃은 5월 중순부터 6월 하순에 줄기 끝에 1개씩 달리며 진한 향기가 나고 흰색이며 지름 4~5cm이다. 꽃받침잎은 3장으로 난형이며 크기가 다르다. 꽃잎은 5~7장이며 흰색이다. 수술은 많고 암술은 3~4개이다. 암술대는 뒤로 젖혀진다. 열매는 골돌과이고 씨는 검은색으로 익는다.

　❋ 한약재로 쓰이기 때문에 무분별하게 채취되어 차츰 보기 어려워지고 있다. 이 종과 비슷하지만 암술대가 길게 자라서 뒤로 말리며 꽃이 연한 붉은색인 것을 산작약(*P. obovata* Maxim.)이라 하는데 매우 드물다.

1998. 3. 30. 경상북도 울릉도

31. 애기똥풀 *Chelidonium majus* L. var. *asiaticum* (H. Hara) Ohwi

전국의 마을 근처나 산 가장자리에 자라는 두해살이풀. 전체에 흰색의 긴 털이 많은데 어릴 때 특히 그렇다. 줄기는 가지가 갈라지며 연약하고 높이 50~80cm이다. 잎은 어긋 나며 1~2 회 깃 모양으로 갈라지는 겹잎이다. 잎 앞면은 녹색이고 뒷면은 연두색이며 가장자리에 둔한 톱니가 있다. 꽃은 3월 하순부터 8월 하순에 줄기와 가지 끝에 산형 꽃차례로 달리며 노란색 이다. 꽃받침잎은 2장이며 타원형으로 길이 9mm쯤이고, 겉에 털이 나며 일찍 떨어진다. 꽃잎 은 4장이며 길이 1.2cm쯤이다. 수술은 많고 암술은 1개이다. 열매는 삭과이며 가는 기둥 모양 으로 길이 3~4cm이다.

✽ 줄기에 연한 노란색 유액을 함유하고 있어서 이러한 이름이 붙여졌다.

양귀비과
두해살이풀
50~80cm
삭과

32. 노랑매미꽃

Hylomecon vernale Maxim.

전라북도 이북의 숲 속에 자라는 여러해살이풀. 줄기는 곧추서며 연약하고 높이 30cm쯤이다. 뿌리줄기는 옆으로 뻗으며 약간 길다. 뿌리에서 난 잎은 잎자루가 긴 깃꼴겹잎으로 줄기와 길이가 비슷하고, 작은잎은 5~7장이며 가장자리에 불규칙한 톱니가 있다. 줄기의 잎은 어긋 나고 잎자루가 짧으며 3~5개의 작은잎으로 이루어진다. 꽃은 4월 중순부터 5월 중순에 줄기 끝 부분의 잎겨드랑이에서 난 1~3개의 긴 꽃자루에 1개씩 달리는데 노란색이고 지름 3cm쯤이다. 꽃받침잎은 2장이며 녹색이고 일찍 떨어진다. 꽃잎은 4~5장인데 윤이 조금 나며 마주 난 2장이 보다 크다. 열매는 삭과이며 기둥 모양으로 길이 3~5cm이다.

❋ 염색체는 24개이다. 지리산 이남에 나는 피나물〔*H. hylome-conoides* (Nakai) Y. Lee〕은 뿌리줄기가 매우 짧고 꽃차례가 산형이며, 염색체는 12개이다.

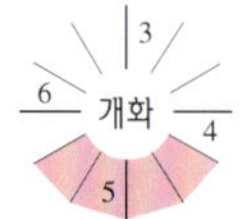

양귀비과
여러해살이풀
약 30cm
삭과

1993. 4. 28. 경기도 천마산

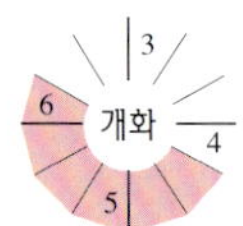

1996. 5. 6. 강원도 설악산

33. **금낭화** *Dicentra spectabilis* (L.) Lem.

개화
3
4
5
6

양귀비과
여러해살이풀
약 60cm
삭과

　　전국의 산 속 집터나 절터에 자라는 여러해살이풀. 줄기는 곧추서며 연약하고 가지가 갈라지기도 하고 높이 60cm쯤이다. 잎은 어긋 나며 잎줄기가 길고 잎몸은 2~3회 갈라진다. 갈래는 난형으로 끝이 뾰족하고 가장자리에는 톱니가 있다. 꽃은 4월 중순부터 6월 초순에 길이 20~30cm의 총상 꽃차례로 달리는데, 꽃차례는 옆으로 또는 아래로 늘어진다. 화관은 연한 붉은색이며 볼록한 주머니 모양이다. 꽃받침잎은 2장으로 가늘고 좁은 비늘 모양이며 일찍 떨어진다. 꽃잎은 4장인데, 바깥쪽 2장은 끝이 구부러져 밖으로 젖혀지고, 안쪽 2장은 합쳐져서 돌기처럼 된다. 수술은 6개, 암술은 1개이다. 열매는 삭과이며 긴 타원형이다.

　　❋ 설악산 등 높은 산 깊은 계곡에 자생한다는 견해가 있으나 명확하지 않다. 이 식물이 자생한다고 하는 지역에서는 대부분 사람이 살았던 흔적이 발견되므로, 자생한다기보다는 재배했던 식물이라 생각된다.

1996. 5. 6. 강원도 설악산

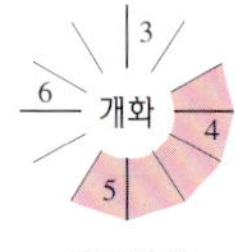

1996. 4. 21. 경기도 천마산

34. 왜현호색 *Corydalis ambigua* Cham. et Schltdl.

양귀비과
여러해살이풀
13~24cm
삭과

　전국의 산 숲 속에 자라는 여러해살이풀. 덩이줄기는 지름 1~3cm로 가늘고 긴 땅속줄기 아래에 달린다. 줄기는 밑동에서 가지가 갈라지기도 하며 높이 13~24cm이다. 잎은 잎자루가 있고 2~3회 작은잎 3장으로 갈라지는 겹잎이다. 작은잎은 도란형 또는 긴 타원형으로 길이 1~3cm이고 가장자리는 밋밋하거나 3갈래로 갈라지는데 변이가 심하다. 꽃은 3월 하순부터 5월 초순에 줄기 끝에 발달하는 총상 꽃차례로 달리는데, 자줏빛이 도는 하늘색이고 길이 1.9~3.0cm이며 한쪽은 입술 모양이고 다른 한쪽은 거(距)로 된다. 포엽은 타원형 또는 난상 타원형으로 가장자리가 밋밋하다. 수술은 6개이다. 열매는 삭과이며 길쭉하다.

35. 애기현호색

Corydalis fumariaefolia Maxim.

충청남도 이북의 산에 자라는 여러해살이풀. 덩이줄기는 지름 1.5cm쯤이다. 줄기는 덩이줄기 위쪽에서 1대가 나고 높이 25cm쯤이다. 줄기 아래쪽의 비늘 모양 잎의 잎겨드랑이에서 가지나 잎이 갈라진다. 잎은 어긋 나며 잎자루가 길다. 잎몸은 3회 3갈래로 갈라진 다음 다시 가늘고 깊게 갈라져 코스모스 잎처럼 된다. 꽃은 4월에 총상 꽃차례로 달리며 자주색 또는 하늘색이다. 꽃차례에 달린 포는 도란형이며 끝이 갈라진다. 화관은 길이 2cm쯤으로 한쪽은 입술 모양이고 다른 한쪽은 조금 구부러진 거(距)로 된다. 수술은 6개이다. 열매는 삭과이며 긴 타원형으로 길이 2cm쯤이다. 씨는 윤이 나는 검은색이다.

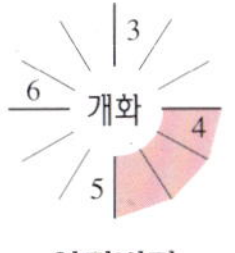

양귀비과
여러해살이풀
약 25cm
삭과

1997. 4. 5. 경상남도 남덕유산

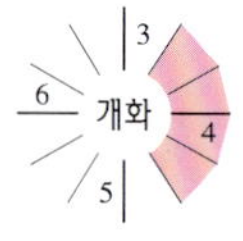

1998. 3. 30. 경상북도 울릉도

36. 갯괴불주머니   *Corydalis heterocarpa* Siebold et Zucc. var. *japonica* (Franch. et Sav.) Ohwi

양귀비과
두해살이풀
40~60cm
삭과

경상북도 울릉도와 제주도의 바닷가에 자라는 두해살이풀. 전체가 흰빛이 도는 녹색이고, 자르면 불쾌한 냄새가 난다. 줄기는 가지가 갈라지고 보통 붉은빛을 띠며 높이 40~60cm이다. 잎은 어긋 나며 잎자루가 길다. 잎몸은 2~3회 깃 모양으로 갈라진다. 꽃은 3월 중순부터 4월 중순에 줄기와 가지 끝에 총상 꽃차례로 달리며 노란색이다. 화관은 길이 2.2~2.5cm이다. 거(距)는 거의 직각으로 휘어져 수직으로 선다. 수술은 6개이다. 열매는 삭과이며 불규칙한 넓은 염주 모양으로 길이 2~3cm, 폭 3~5mm이다. 씨는 2줄 또는 거의 2줄로 달린다.

✳ 전국의 바닷가에 자라는 염주괴불주머니(*C. heterocarpa* Siebold et Zucc.)와 비슷하지만 열매는 크고 폭이 넓으며 씨가 2줄로 배열되는 특징을 가져 변종으로 구분한다. 학자에 따라서는 독립된 종으로 보기도 한다. 일본에도 분포한다.

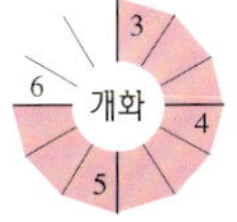

1991. 4. 16. 제주도

37. 자주괴불주머니 *Corydalis incisa* (Thunb.) Pers.

남부 지방과 제주도의 산과 들에 자라는 두해살이풀. 뿌리는 긴 타원형이다. 줄기는 가지가
갈라지며 겉에 능선이 있고 높이 8~50cm이다. 잎은 어긋 나며 위로 갈수록 잎자루가 짧다.
뿌리에서 난 잎은 2회 3갈래로 갈라지는 깃꼴겹잎이고 길이 3~8cm이다. 꽃은 2월 중순부터 5
월 하순에 줄기나 가지 끝에 발달하는 길이 3~18cm의 총상 꽃차례로 달리며 붉은 보라색 또
는 푸른색이다. 포엽은 부채 모양이다. 꽃자루는 꽃이 필 때 길이 0.4~1.9cm이다. 화관은 길이
2.0~2.4cm이다. 수술은 6개이다. 열매는 삭과이며 원통형으로 길이 1.5cm쯤이다. 씨는 검은색
으로 윤이 난다.

양귀비과
두해살이풀
8~50cm
삭과

1997. 4. 16. 강원도 설악산

38. 산괴불주머니 *Corydalis speciosa* Maxim.

양귀비과
두해살이풀
약 50cm
삭과

전국의 산과 들에 자라는 두해살이풀. 줄기는 곧추서고 가지가 갈라지며 속이 비었고 높이 50cm쯤이다. 잎은 어긋 나며 2회 갈라지는 깃꼴겹잎이고 길이 10~15cm이다. 최종 갈래는 선상의 긴 타원형으로 끝이 뾰족하다. 꽃은 3월 중순부터 6월 중순에 줄기와 가지 끝에 발달하는 길이 3~23cm의 총상 꽃차례로 달리고 밝고 진한 노란색이다. 포엽은 난상 피침형이며 갈라지기도 한다. 화관은 길이 2cm쯤이며, 한쪽에 조금 구부러진 거(距)가 있다. 수술은 6개인데, 각각 2갈래로 갈라진다. 열매는 삭과이며 선형으로 길이 2~3cm이다. 씨는 검은색이며 오목하게 팬 점이 있다.

✽ 주로 저지대의 냇가 등 습기가 있는 곳에 자생한다. 가끔 임도를 내거나 화전을 일구었던 산 속 깊은 곳에도 자라는 것을 볼 수 있는데, 이것은 산지가 인위적으로 훼손되었음을 짐작케 한다.

1996. 4. 9. 강원도 설악산

39. 댓잎현호색 *Corydalis turtschaninovii* Besser var. *linearis* (Regel) Nakai

전국의 산과 들에 자라는 여러해살이풀. 덩이줄기는 둥글고 지름 2.5cm쯤이다. 줄기는 곧추서며 연약하고 높이 20cm쯤이다. 줄기 아래쪽에 비늘 모양의 큰 잎이 1장 있는데, 그 겨드랑이에서 가지가 갈라지기도 한다. 잎은 어긋 나며 2~3회 3갈래로 갈라지고, 최종 갈래는 긴 타원상 선형으로 크기가 다양하며 가장자리가 밋밋하다. 꽃은 3월 하순부터 5월 초순에 줄기나 가지 끝에 총상 꽃차례로 5~15개가 달리며 연한 자주색 또는 보라색이다. 꽃차례에 가늘게 갈라진 포엽이 있고, 꽃자루는 가늘며 길이 1.0~1.5cm이지만 위로 갈수록 짧다. 화관은 길이 2cm쯤이다. 수술은 6개이다. 열매는 삭과이다.

양귀비과
여러해살이풀
약 20cm
삭과

40. 꽃황새냉이

Cardamine amaraeformis Nakai

제주도를 제외한 전국의 높은 산 깊은 계곡 주변에 자라는 여러해살이풀. 땅 속에 뻗는 줄기가 있다. 땅위줄기는 곧추서며 높이 15~50cm이다. 뿌리에서 난 잎은 모여 나며 잎자루가 길고 잎몸은 깃 모양으로 갈라진다. 줄기에 난 잎은 어긋나며 3~7장의 작은잎으로 갈라진다. 작은잎은 피침형이며 가장자리가 밋밋하거나 톱니가 조금 있다. 꽃은 4월 하순부터 6월 하순에 줄기 끝에 총상 꽃차례로 달리며 흰색이다. 꽃받침잎은 4장이며 끝이 둔하다. 꽃잎은 4장이며 길이 1cm쯤으로 꽃받침잎보다 길다. 수술은 4강 웅예이고 암술은 1개이다. 열매는 장각과이며 위를 향하고 길이 3cm쯤이다.

✽ 큰황새냉이(*C. scutata* Thunb.)와 비슷하지만 꽃잎의 길이가 1cm쯤으로 2배쯤 길다.

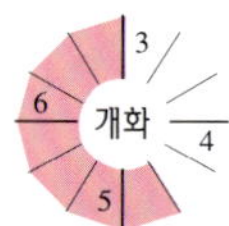

십자화과
여러해살이풀
15~50cm
장각과

1980. 5. 6. 전라남도 지리산

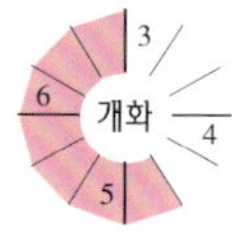

1996. 5. 24. 강원도 설악산

41. 는쟁이냉이 *Cardamine komarovi* Nakai

3
6 개화 4
5
십자화과
여러해살이풀
30~50cm
장각과

　전국의 산 계곡 주변에 자라는 여러해살이풀. 전체에 털이 없고 매운 맛이 난다. 줄기는 곧추서며 위쪽에서 가지가 갈라지고 높이 30~50cm이다. 뿌리에서 난 잎은 모여 나며 잎자루가 있고 길이 8cm쯤인데 겹잎인 것도 있다. 줄기에 난 잎은 어긋 나며 홑잎이고 길이 2~8cm이다. 잎 가장자리에 불규칙한 톱니가 있고, 잎몸이 잎자루 쪽으로 날개처럼 흐르며 밑부분에서는 귓볼처럼 되어 줄기를 감싼다. 꽃은 4월 하순부터 7월 초순에 줄기나 가지 끝에 총상 꽃차례로 달리며 흰색이고 지름 1cm쯤이다. 꽃받침잎과 꽃잎은 각각 4장이다. 열매는 장각과이며 길이 2~3cm이다.

1990. 6. 3. 강원도 함백산

42. 미나리냉이 *Cardamine leucantha* (Tausch) O. E. Schulz

전국의 냇가와 습기가 많은 계곡에 자라는 여러해살이풀. 식물체에 짧고 연한 털이 있고 땅속줄기로 잘 번식한다. 줄기는 곧추서고 가늘며 가지가 갈라지고 높이 50cm쯤이다. 잎은 어긋나며 잎자루가 길고, 길이 15cm쯤이며 3~7장의 작은잎으로 이루어진 겹잎이다. 작은잎은 가장자리에 불규칙한 톱니가 있고 잎자루는 없으며 길이 4~8cm, 폭 1~3cm이다. 꽃은 4월 중순부터 5월 하순에 줄기나 가지 끝에 총상 꽃차례로 달리며 흰색이다. 꽃받침잎은 타원형이며 녹색이다. 꽃잎은 타원형으로 길이 0.8~1.0cm이며 꽃받침잎의 2배쯤이다. 수술은 6개로 4강웅예이고 암술은 1개이다. 열매는 장각과이며 길이 2cm쯤이다.

십자화과
여러해살이풀
50cm
장각과

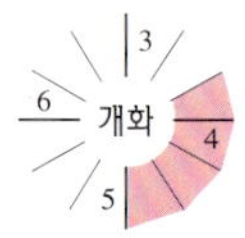

1998. 4. 2. 경상북도 울릉도

43. 고추냉이 *Wasabia koreana* Nakai

십자화과
여러해살이풀
20~40cm
각과

　경상북도 울릉도의 물이 흐르는 산골짜기에 자라는 한국 특산의 여러해살이풀. 땅속줄기는 굵은 기둥 모양이고 잎이 달렸던 흔적이 남아 있다. 잎은 땅속줄기에서 나며, 가장자리에 불규칙한 톱니가 있고, 길이와 폭이 각각 8~10cm이다. 잎자루는 길며 밑부분이 넓어져 서로 둘러싸고 길이 30cm쯤이다. 줄기에 난 잎은 길이 3~4cm이고 잎자루가 짧다. 꽃은 3월 하순부터 4월 하순에 높이 20~40cm의 꽃줄기에 총상 꽃차례로 달리며 흰색이다. 꽃자루는 길이 1~5cm이다. 꽃받침잎은 길이 4mm의 타원형이며, 꽃잎은 길이 6mm의 긴 타원형이다. 수술은 4강 응예이고 암술은 1개이다. 열매는 각과이며 길이 1.7cm쯤이다.

　✻ 고추냉이를 *W. japonica* (Miq.) Matzum.의 변종〔*W. japonica* var. *koreana* (Nakai) Y. Lee〕으로 보기도 한다. 학자 중에는 일본에 자라는 *W. japonica* (Miq.) Matzum.와 같은 종으로 취급하기도 한다. 울릉도에서의 분포 상태를 볼 때 자생은 틀림없는 듯하다. 환경부가 1998년부터 보호 야생식물 29호로 지정해 보호하고 있는 희귀식물이다.

44. 큰산장대

Arabis gemmifera (Matsum.)
Makino

　전국의 높은 산 중턱 위의
그늘에 자라는 여러해살이풀.
줄기는 모여 나며 곧추서거나
누워 자라고 길이 15~30cm이
다. 줄기가 땅에 닿으면 새싹이
난다. 뿌리에서 난 잎은 난형
또는 타원형으로 길이 2~3cm
이며 깃 모양으로 갈라지고 가
장자리에 둔한 톱니가 있다. 줄
기에 난 잎은 어긋 나며 타원
형으로 잎자루가 없고 끝이 뾰
족하다. 꽃은 5월 초순부터 6월
중순에 줄기나 가지 끝에 총상
꽃차례로 달리며 흰색이고 지
름 5~7mm이다. 꽃받침잎은 4
장이며 타원형이다. 꽃잎은 4장
이고 꽃받침잎보다 2배쯤 길다.
열매는 장각과이며 길이 1~
2cm이다.

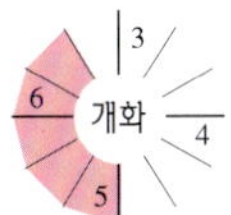

십자화과
여러해살이풀
15~30cm
장각과

1995. 5. 31. 강원도 가리왕산

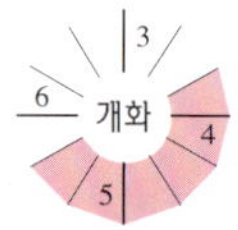

1998. 4. 3. 경상북도 울릉도

45. 섬갯장대 *Arabis stelleri* DC. var. *japonica* F. Schmidt

십자화과
두해살이풀
20~40cm
장각과

경상북도 울릉도, 전라남도 거문도, 제주도의 바닷가 모래땅과 바위 틈에 자라는 두해살이 풀. 전체에 2~3갈래로 갈라진 털이 있다. 줄기는 곧추서고 가지가 갈라지기도 하며 높이 20~40cm이다. 뿌리에서 난 잎은 여러 장이 모여 나며 두껍고 도피침형 또는 긴 타원형으로 길이 3~7cm, 폭 0.8~2.5cm이며, 가장자리에 톱니가 조금 있다. 줄기에 난 잎은 긴 타원형 또는 난상 타원형으로 길이 2.0~5.5cm이며 밑이 줄기를 감싼다. 꽃은 3월 하순부터 5월 중순에 줄기 끝에 총상 꽃차례로 달리며 흰색이다. 꽃잎은 좁은 도란형으로 길이 7~9mm이며, 끝이 오목하게 들어간다. 열매는 장각과이며 줄기와 거의 수평으로 달리고 길이 4~6cm이다.

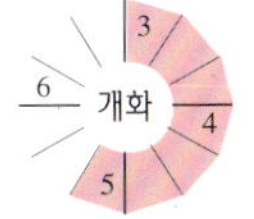

1984. 4. 7. 경기도 관악산

46. 꽃다지　*Draba nemorosa* L. var. *hebecarpa* Lindblom

　전국의 들에 자라는 두해살이풀. 전체에 별 모양의 털이 많다. 줄기는 곧추서며 밑부분에서 가지가 갈라지기도 하고 높이 10~20cm이다. 뿌리에서 난 잎은 주걱 모양으로 길이 2~4cm, 폭 0.8~1.5cm이며 가장자리에는 톱니가 조금 있다. 줄기에 난 잎은 좁은 난형 또는 긴 타원형으로 길이 1~3cm, 폭 0.5~1.5cm이다. 꽃은 3월 초순부터 5월 초순에 줄기 끝에 총상 꽃차례로 달리며 노란색이다. 꽃자루는 옆으로 퍼지고 길이 1~2cm이다. 꽃받침잎은 4장이며 타원형이다. 꽃잎은 4장이고 넓은 주걱 모양으로 길이 3mm쯤이다. 암술대는 매우 짧아 없는 것처럼 보인다. 열매는 각과이며 타원형으로 털이 있다.

십자화과
두해살이풀
10~20cm
각과

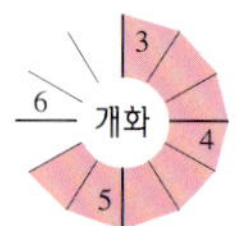

1998. 3. 27. 경상북도 문경

47. 냉이 *Capsella bursa-pastoris* (L.) Medik.

십자화과
두해살이풀
10~50cm
단각과

　전국의 들에 자라는 두해살이풀. 전체에 털이 난다. 뿌리는 곧고 흰색이다. 줄기는 곧추서며 가지가 많이 갈라지고 높이 10~50cm이다. 뿌리에서 난 잎은 여러 장이 모여 나서 땅 위에 퍼지고 깃 모양으로 갈라지며 길이 10cm 이상이다. 줄기에 난 잎은 어긋 나며 피침형이고 밑이 귓불 모양으로 되어 줄기를 1/2쯤 감싸며 잎 가장자리는 깃 모양으로 갈라지지만 위로 갈수록 크고 날카로운 이 모양이다. 꽃은 3월 초순부터 5월 중순에 줄기와 가지 끝에 총상 꽃차례로 달리며 흰색이다. 꽃받침잎은 4장이며 타원형이다. 꽃잎은 4장이며 주걱 모양으로 길이 2.0~2.5mm이다. 열매는 단각과이며 삼각상이고 끝이 오목하다.

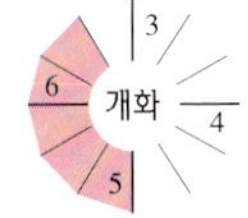

1987. 5. 29. 경기도 남한산성

48. 돌나물 *Sedum sarmentosum* Bunge

　전국의 산과 들에 자라는 여러해살이풀. 줄기는 20cm쯤으로 밑부분에서 가지가 많이 갈라지며 땅 위로 뻗고 마디에서 수염뿌리가 내린다. 잎은 보통 3장씩 돌려 나며 잎자루가 없다. 잎몸은 긴 타원형 또는 도피침형으로 길이 1.5~2.0cm, 폭 3~6mm이고 앞면은 윤이 나고 두껍다. 꽃은 5월 초순부터 6월 중순에 취산 꽃차례로 달리며 노란색이다. 꽃자루는 없다. 화관은 지름 0.6~1.0cm이다. 꽃받침잎은 5장이다. 꽃잎은 5장이며 긴 타원형이고 꽃받침잎보다 길다. 수술은 10개이고 꽃잎과 길이가 거의 같다. 암술은 5개이다. 열매는 골돌과이며 비스듬히 벌어진다.

돌나물과
여러해살이풀
약 20cm
골돌과

49. 돌단풍

Aceriphyllum rossii (Oliv.)
Engl.

충청북도 속리산 이북의 계곡 바위 틈에 자라는 여러해살이풀. 뿌리줄기는 매우 굵으며 옆으로 뻗는다. 잎은 뿌리에서 모여 나며 잎자루가 길다. 잎몸은 5~7갈래로 갈라진 단풍잎 모양이며 가장자리에 잔톱니가 있고 광택이 난다. 꽃은 4월 중순부터 5월 초순에 뿌리에서 난 높이 30~50cm의 꽃줄기에 원추형의 취산 꽃차례로 달리는데, 연한 붉은색을 띤 흰색이다. 화관은 지름 1.2~1.5cm이다. 꽃받침잎은 6장이며 긴 난형으로 끝이 뾰족하고 흰빛이 돈다. 꽃잎은 6장이며 꽃받침잎보다 짧다. 수술은 6개이고 꽃잎보다 조금 짧다. 열매는 삭과이며 난형이다.

❋ 속명(屬名) *Aceriphyllum*은 단풍나무의 잎을 닮았다는 뜻이다.

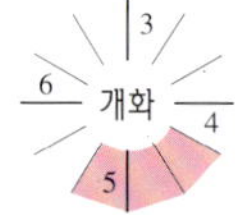

범의귀과
여러해살이풀
30~50cm
삭과

1997. 4. 16. 강원도 설악산

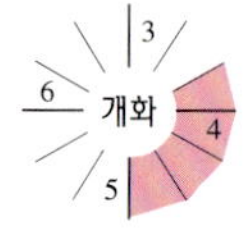

1998. 4. 2. 경상북도 울릉도

50. 애기괭이눈 *Chrysosplenium flagelliferum* F. Schmidt

범의귀과
여러해살이풀
3~15cm
삭과

　　제주도를 제외한 전국의 깊은 계곡 물가에 자라는 여러해살이풀. 꽃이 피지 않는 무성지가 발달하는데, 개화기에는 서 있다가 곧 땅 위를 긴다. 잎은 어긋 나며 털이 없고 길이 1cm쯤이다. 잎몸은 3~7갈래로 깊게 갈라진다. 무성지의 끝에서 뿌리가 내려 로제트 형 잎이 난다. 이 잎은 앞면에 짧은 털이 나고 길이 4cm, 폭 6cm쯤이다. 잎자루는 길이 8cm쯤이다. 꽃줄기는 털이 없고 높이 3~15cm이다. 포엽은 난형이고 톱니가 3~5개 있다. 꽃은 3월 하순부터 4월 하순에 느슨한 취산 꽃차례로 달리며 지름 3~6mm이다. 꽃받침잎은 넓은 타원형으로 수평으로 벌어지고 녹색이지만 꽃밥이 터질 때 노란색을 조금 띠기도 한다. 수술은 8개이고 꽃밥은 노란색이다. 열매는 삭과이며 수평으로 벌어져 잔 모양으로 된다. 씨는 갈색이다.

✻ 꽃이 진 다음 덩굴처럼 뻗어 나간 줄기 끝에 생기는 커다란 로제트 형 잎이 특징이어서 괭이눈 속의 다른 종들과 쉽게 구분할 수 있다. '덩굴괭이눈'이라고도 한다.

1996. 5. 6. 강원도 설악산

51. 천마괭이눈 *Chrysosplenium pilosum* Maxim. var. *valdepilosum* Ohwi

제주도를 제외한 전국의 산에 자라는 한국 특산의 여러해살이풀. 꽃줄기의 밑부분 잎겨드랑이에서 무성지가 양쪽으로 1~2쌍 발달한다. 무성지는 전체적으로 자줏빛이 돌며 위로 갈수록 마디 사이가 짧다. 무성지의 잎은 위로 갈수록 더욱 큰데 가운데의 잎은 부채꼴이며, 위쪽의 잎은 반원형 또는 원형이다. 잎의 앞면에 흰색 털이 드문드문 나고 뒷면에는 털이 거의 없지만 잎맥을 중심으로 조금 나기도 한다. 잎자루와 무성지에는 긴 털이 난다. 전체적으로 여름이 되면 털이 많아진다. 꽃줄기는 자줏빛이 돌고 높이 5~15cm이다. 꽃줄기에는 잎이 1~2쌍 달리며 좁은 부채꼴이고 톱니가 4~6개 있다. 포엽은 꽃밥이 터질 때 노란색을 띠다가 수정이 끝나면 녹색으로 변한다. 꽃은 5월에 피며 노란색을 띠다가 녹색으로 변하며 지름 2.0~2.5mm 이다. 꽃받침잎은 꽃밥이 터질 때 수직으로 선다. 수술은 8개이며 꽃받침잎보다 조금 짧고, 꽃밥은 노란색이다. 열매는 삭과이며 2갈래로 깊게 갈라지는데 각각은 뿔 모양이다.

✽ 국내에 분포하는 다른 변종인 흰털괭이눈〔*C. pilosum* var. *fulvum* (A. Terracc.) H. Hara〕은 꽃이 필 때 포엽이 녹색이어서 이 식물과 구분된다.

범의귀과
여러해살이풀
5~15cm
삭과

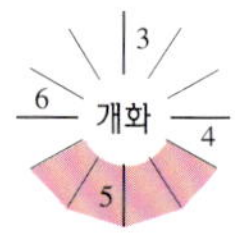

1992. 5. 10. 강원도 태백산

52. 나도양지꽃 *Waldsteinia ternata* (Stephan) Fritsch

장미과
여러해살이풀
10~15cm
수과

강원도, 경기도, 경상북도 및 북부 지방의 숲 가장자리에 자라는 여러해살이풀. 식물체 전체에 긴 털이 난다. 뿌리줄기는 옆으로 뻗는다. 잎은 뿌리줄기 끝에 2~3장이 모여 나고 3갈래로 갈라지는 겹잎이며 잎자루는 길이 6~10cm이다. 작은잎은 도란형이고 잎자루가 짧으며 2~3갈래로 갈라진다. 꽃줄기는 높이 10~15cm이며, 끝에 노란색 꽃이 1~3개 핀다. 꽃은 4월 중순부터 5월 중순에 피며, 지름 2cm쯤이다. 꽃받침잎은 5장이며 피침형으로 길이 4mm쯤이고, 부꽃받침잎도 5장인데 선형으로 길이 3mm쯤이다. 꽃잎은 5장으로 노란색이며, 수평으로 벌어지고 꽃받침잎보다 길다. 수술은 많고 암술대는 5개이다. 열매는 수과이며 타원형으로 털이 많다.

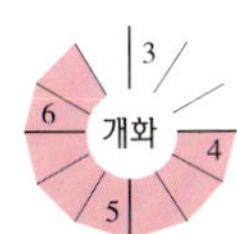

1984. 5. 14. 강원도 설악산

53. 양지꽃 *Potentilla fragarioides* L. var. *major* Maxim.

전국의 양지바른 산과 들에 자라는 여러해살이풀. 식물체 전체에 긴 털이 난다. 줄기는 비스듬히 서며 길이 30~50cm이다. 뿌리에서 난 잎은 여러 장이 모여 나서 사방으로 퍼지며, 깃꼴겹잎으로 잎자루가 길다. 작은잎은 3~13장으로 위쪽의 3장이 크고 아래쪽으로 갈수록 작다. 줄기에 난 잎은 3장의 작은잎으로 이루어진 겹잎이다. 줄기에 막질의 턱잎이 있다. 꽃은 4월 초순부터 6월 중순에 피며, 노란색이고 지름 1.5~2.0cm이다. 꽃잎은 5장이며 끝이 오목하게 들어가고 꽃받침잎보다 2배쯤 길다. 꽃턱 위에 털이 난다. 열매는 수과이며 털이 있다.

장미과
여러해살이풀
30~50cm
수과

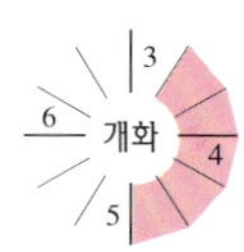

1991. 4. 5. 충청북도 월악산

54. 세잎양지꽃 *Potentilla freyniana* Bornm.

장미과
여러해살이풀
15~30cm
수과

　전국의 산과 들에 자라는 여러해살이풀. 뿌리줄기는 짧고 굵으며 딱딱하다. 기는 줄기가 있다. 줄기는 길이 15~30cm이다. 뿌리에서 난 잎은 모여 나고 잎자루가 길며, 3장의 작은잎으로 이루어진 겹잎이다. 작은잎은 긴 타원형, 난형 또는 도란형으로 길이 2~5cm, 폭 1~3cm이고 뒷면 맥 위에 털이 많다. 줄기에 난 잎도 3장의 작은잎으로 된 겹잎이지만 조금 작다. 꽃은 3월 중순부터 4월 하순에 취산 꽃차례로 달리며 노란색이고 지름 1.0~1.5cm이다. 꽃받침잎은 5장으로 넓은 피침형이고 끝이 날카롭다. 부꽃받침은 선형이다. 꽃잎은 5장으로 도란상 원형이며 끝이 오목하게 들어간다. 열매는 수과이며 털이 없다.

1997. 5. 18. 경기도 분당

55. 가락지나물   *Potentilla kleiniana* Wight et Arn.

전국의 저지대 습기가 있는 곳에 자라는 여러해살이풀. 전체에 누운 털이 난다. 줄기는 땅 위로 길게 뻗으며 길이 20~60cm이다. 뿌리에서 난 잎은 모여 나며 잎자루가 길고 작은잎 5장으로 이루어진 손바닥 모양의 겹잎이다. 작은잎은 긴 타원형으로 길이 1.5~5.0cm, 폭 0.8~2.0cm이다. 꽃은 4월 중순부터 7월 하순에 취산 꽃차례로 달리며 노란색이고 지름 8mm쯤이다. 꽃자루는 겉에 흰색 털이 나고 길이 0.5~2.0cm이다. 꽃받침잎은 5장이며 난형 또는 피침형으로 끝이 뾰족하다. 부꽃받침잎도 5장이며 선형으로 꽃받침잎보다 짧다. 꽃잎은 5장이며 끝이 오목하다. 열매는 수과이며 겉에 세로로 주름이 지고 털이 없다.

장미과
여러해살이풀
20~60cm
수과

1985. 5. 18. 제주도 한라산

56. 민눈양지꽃 *Potentilla yokusaiana* Makino

개화 3 4 5 6

장미과
여러해살이풀
10~20cm
수과

　　중부 이남의 산에 자라는 여러해살이풀. 뿌리줄기는 짧다. 기는 줄기가 길게 뻗으며 번식한다. 줄기는 땅 위를 기며 길이 10~20cm이다. 뿌리에서 난 잎은 잎자루가 길고 줄기에 난 잎은 잎자루가 짧은데, 모두 작은잎 3장으로 이루어진 겹잎이다. 작은잎은 사각상 난형으로 길이 1.5~4.0cm, 폭 1.2~3.0cm이고 가장자리에 깊고 날카로운 톱니가 있다. 꽃은 5월 초순부터 6월 하순에 피며 노란색이고 지름 1.5~2.0cm이다. 꽃받침잎은 5장이며 넓은 피침형이고, 부꽃받침잎도 5장으로 끝이 3갈래로 갈라지기도 한다. 꽃잎은 5장이며 꽃받침잎보다 1.5배쯤 길고 끝이 오목하다. 열매는 수과이며 털이 없다.

열매 1995. 6. 28. 백두산

1987. 5. 10. 제주도 한라산

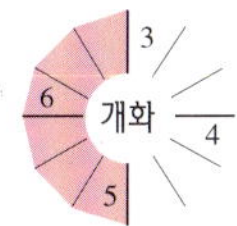

57. 흰땃딸기　*Fragaria nipponica* Makino

　　제주도 한라산 및 북부 지방의 높은 산 고지대에 자라는 여러해살이풀. 전체에 부드러운 털이 많다. 기는 줄기는 자줏빛이 돌며 길이 10~30cm이다. 뿌리에서 난 잎은 모여 나고 잎자루가 길며 작은잎 3장으로 이루어진 겹잎이다. 작은잎은 도란형으로 길이 2~4cm, 폭 1.5~3.0cm이며, 뒷면은 연둣빛이고 털이 많다. 꽃은 5월 초순부터 7월 중순에 꽃줄기에 1~4개가 달리며 흰색이고 지름 1.5~2.0cm이다. 꽃자루에 위를 향한 털이 난다. 꽃받침잎은 5장이고 부꽃받침잎은 5갈래로 갈라진다. 꽃잎은 5장이며 둥글고 꽃받침잎보다 조금 길다. 열매는 수과이며 꽃턱에 붙는데, 꽃턱은 타원형 또는 난형으로 지름 1cm쯤이고 붉은색이며 육질이다.

장미과
여러해살이풀
10~30cm
수과

1998. 4. 3. 경상북도 울릉도

열매
1985. 5. 7. 경상남도 거제도

58. 뱀딸기 *Duchesnea chrysantha* (Zoll. et Moritzi) Miq.

장미과
여러해살이풀
10~20cm
수과

　전국의 들에 흔하게 자라는 여러해살이풀. 전체에 긴 털이 빽빽이 난다. 줄기는 땅 위에 길게 뻗고 마디에서 새싹이 나와 번식하며 길이 10~20cm이다. 잎은 어긋 나고 잎자루가 길며 작은잎 3장으로 이루어진 겹잎이다. 작은잎은 난상 타원형으로 길이 2.0~3.5cm, 폭 1~3cm이며 뒷면 맥 위에 긴 털이 나고 가장자리에 겹톱니가 있다. 꽃은 4월 초순부터 5월 하순에 잎겨드랑이에서 난 긴 꽃자루에 1개씩 달리며 노란색이다. 부꽃받침잎은 5장으로 꽃받침잎보다 조금 크며 끝이 3갈래로 갈라진다. 꽃잎은 넓은 난형이며 길이 0.5~1.0cm이다. 열매는 수과이며 육질의 붉은색 꽃턱 겉에 흩어져 붙어 있다. 열매덩이는 둥글고 지름 1cm쯤이다.

1995. 5. 30. 강원도 가리왕산

59. 애기괭이밥 *Oxalis acetosella* L.

　전국의 높은 산 그늘진 곳에 자라는 여러해살이풀. 뿌리줄기는 옆으로 뻗고 끝에 묵은 잎자루가 비늘 모양으로 붙어 있다. 줄기는 길이 10~15cm이다. 잎은 뿌리에서 3~5장이 나며 3장의 작은잎으로 이루어진 겹잎이다. 잎자루는 길이 3~10cm이다. 작은잎은 잎자루가 없고 심장형으로 길이 0.4~2.0cm, 폭 0.7~3.0cm이며 옆으로 퍼진다. 꽃은 5월 초순부터 6월 중순에 뿌리에서 난, 잎보다 긴 꽃줄기 끝에 1개씩 달리는데 흰색이다. 포는 꽃줄기의 가운데 부분에 달리며 막질이다. 꽃받침잎은 5장이며 좁은 난형이다. 꽃잎은 5장으로 흰색 바탕에 연한 자줏빛이 돈다. 수술은 10개, 암술은 1개이다. 열매는 삭과이며 길이 4~6mm이다

괭이밥과
여러해살이풀
10~15cm
삭과

1993. 4. 30. 경기도 천마산

잎
1998. 4. 18. 경상북도 운달산

60. 큰괭이밥 *Oxalis obtriangulata* Maxim.

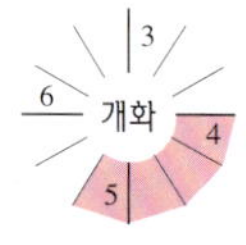

3
6 개화 4
5

괭이밥과
여러해살이풀
10~20cm
삭과

　　전국의 산 숲 속에 자라는 여러해살이풀. 식물체는 신맛이 난다. 뿌리줄기는 가늘다. 잎은 뿌리에서 나며 잎자루는 매우 길고 작은잎 3장으로 이루어진 겹잎이다. 작은잎은 삼각형으로 길이 3cm, 폭 3.5cm쯤이며, 잎 끝은 자른 모양이고 가운데가 조금 오목하다. 꽃줄기는 잎이 나기 전에 뿌리에서 나며 높이 10~20cm이다. 꽃은 4월 초순부터 5월 초순에 잎보다 먼저 꽃줄기 끝에 1개씩 달리는데 흰색이며, 꽃 아래에 턱잎이 2장 있다. 꽃받침잎은 5장으로 타원형이며 털이 있다. 꽃잎은 5장이며 긴 도란형이고, 흰색 바탕에 자주색 줄이 있다. 수술은 10개, 암술은 1개이다. 열매는 삭과이며 곧추서고 길이 2cm쯤이다.

1993. 4. 20. 제주도

61. 등대풀 *Euphorbia helioscopia* L.

경기도 이남의 들에 자라는 두해살이풀. 줄기는 가늘고 곧추서며 보통 밑부분에서 가지가 갈라지고 높이 25~35cm이다. 줄기를 자르면 흰색 유액이 나온다. 잎은 어긋 나며 잎자루가 없고, 가지가 갈라지는 줄기 위쪽에는 큰 잎이 5장 돌려 난다. 잎몸은 도란형 또는 주걱 모양으로 밑은 좁고 위쪽은 둥글며 가장자리에 잔톱니가 있다. 꽃은 4월 하순부터 5월 중순에 줄기 위쪽에서 갈라진 가지 끝에 배상 꽃차례로 달리며 노란빛이 도는 녹색이다. 총포엽은 작다. 배상 꽃차례의 작은 포는 단지 모양으로 되고 위쪽은 4개의 조각으로 된다. 이 안에 몇 개의 수꽃과 1개의 암꽃이 있다. 암술대는 3개이며 끝이 2갈래로 갈라진다. 열매는 삭과이며 3갈래로 갈라진다. 씨는 갈색이고 겉에 그물 모양의 무늬가 있다.

대극과
두해살이풀
25~35cm
삭과

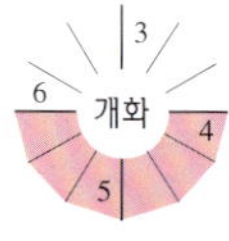

1995. 4. 10. 제주도

62. 암대극 *Euphorbia jolkini* Boissieu

대극과
여러해살이풀
40~80cm
삭과

남부 지방의 해안과 제주도의 바닷가 바위 지대에 자라는 여러해살이풀. 전체에 털이 없다. 줄기는 곧추서고 밑에서 가지가 갈라지며 높이 40~80cm이다. 잎은 어긋 나며 다닥다닥 붙는다. 잎몸은 도피침형 또는 선상 피침형으로 길이 4~7cm, 폭 0.8~1.2cm이며 끝이 둔하고 밑은 차츰 좁아지고 가장자리가 밋밋하다. 줄기 위쪽에 돌려 난 잎은 다른 잎보다 넓고 짧다. 총포엽은 노란빛이 돌고 길이 1~2cm이다. 꽃은 4월 초순부터 5월 하순에 배상 꽃차례로 달리며 노란빛이 도는 녹색이다. 열매는 삭과이며 둥글고 겉에 돌기가 많으며 지름 6mm쯤이다.

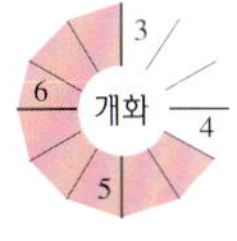

1996. 4. 16. 경기도 백운산

63. 개감수 *Euphorbia sieboldiana* C. Morren et Decne.

　전국의 산에 자라는 여러해살이풀. 전체에 털이 없고, 녹색이지만 흔히 자줏빛이 돈다. 줄기는 곧추서며 높이 20~40cm이다. 잎은 어긋 나며 잎자루는 없다. 잎몸은 도피침형 또는 긴 타원형으로 길이 3~6cm, 폭 0.7~2.0cm이고 가장자리가 밋밋하다. 꽃줄기가 갈라지는 줄기 위쪽에 잎이 5장 돌려 난다. 꽃줄기는 5개쯤이 산형으로 나며 작은 꽃줄기는 보통 2개이다. 작은 꽃줄기 밑의 포엽은 2장이며 삼각상 난형이다. 꽃은 4월 중순부터 7월 초순에 배상 꽃차례로 달리며 노란빛이 도는 녹색이다. 1개의 배상 꽃차례에 수꽃과 암꽃이 각각 1개씩 있다. 암술대는 끝이 2갈래로 갈라진다. 꿀샘덩이는 초승달 모양이다. 열매는 삭과이며 둥글고 3갈래로 갈라진다.

대극과
여러해살이풀
20~40cm
삭과

64. 백선

Dictamnus dasycarpus Turcz.

제주도를 제외한 전국의 산
과 들에 자라는 여러해살이풀.
뿌리는 굵고 길며 흰색이다. 줄
기는 곧추서고 밑부분이 단단
하며 높이 60~90cm이다. 잎은
어긋 나며 깃꼴겹잎으로 잎줄
기에 좁은 날개가 있다. 작은잎
은 2~4쌍으로 난형 또는 타원
형이며 가장자리에 톱니가 있
다. 잎 앞면에 작은 기름 구멍
이 있고 투명하다. 꽃은 5월 중
순부터 6월 중순에 줄기 끝에
총상 꽃차례로 달리며 연한 붉
은색이고 지름 2.5cm쯤이다. 꽃
차례와 꽃자루에 기름 구멍이
많아 역한 냄새가 난다. 꽃자루
는 털이 있으며 길이 0.5~
2.0cm이다. 꽃잎은 5장이며 붉
은 보라색 줄이 있다. 수술은
10개, 암술은 1개인데 수술과
암술은 끝 부분이 위를 향해
구부러진다. 열매는 삭과이며
납작하고 5갈래로 갈라진다.

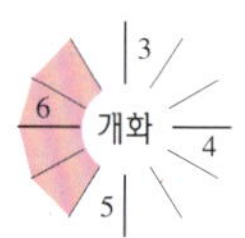

운향과
여러해살이풀
60~90cm
삭과

1986. 5. 27. 충청북도 월악산

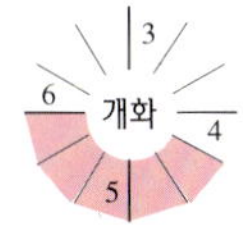

1995. 5. 8. 제주도 한라산

65. 애기풀 *Polygala japonica* Houtt.

　전국의 산과 들에 자라는 여러해살이풀. 뿌리는 가늘고 길며 단단하다. 줄기는 밑동에서 모여 나고 곧추서거나 비스듬히 서며 높이 10~20cm이다. 잎은 어긋 나며 잎자루가 짧다. 잎몸은 타원형 또는 난형으로 길이 2cm쯤이며 잔털이 있고 가장자리가 밋밋하다. 꽃은 4월 중순부터 5월 하순에 총상 꽃차례로 달리며 자주색이다. 꽃받침잎은 5장으로 꽃잎처럼 보이며 양쪽의 2장은 크고 날개 모양이다. 꽃잎은 3장이며 밑에서 서로 붙는다. 수술은 8개이며 수술대는 밑에서 붙는다. 암술대는 2갈래로 갈라진다. 열매는 삭과이며 둥글고 납작하며 넓은 날개가 있고 2갈래로 갈라진다.

원지과
여러해살이풀
10~20cm
삭과

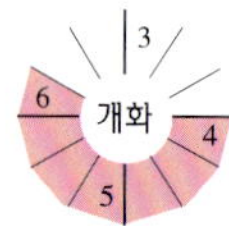

1987. 5. 16. 경기도 관악산

66. 졸방제비꽃 *Viola acuminata* Ledeb.

제비꽃과
여러해살이풀
20~40cm
삭과

전국의 산과 들에 자라는 여러해살이풀. 줄기는 곧추서며 여러 대가 밑에서 올라오고 높이 20~40cm이다. 잎은 어긋 나며 잎자루는 위로 갈수록 짧다. 잎몸은 난형으로 길이 2.5~4.0cm, 폭 3~5cm이며 가장자리에 뭉툭한 톱니가 있다. 턱잎은 가늘게 갈라진다. 꽃은 4월 초순부터 6월 초순에 잎겨드랑이에서 난 길이 5~10cm의 꽃자루에 달리고 흰색 또는 연한 자줏빛이 도는 흰색이다. 꽃자루 위쪽에 선형의 포가 달린다. 꽃받침잎은 녹색이며 끝이 뾰족하다. 입술꽃잎에 자주색 줄이 있다. 거(距)는 둥근 주머니 모양으로 길이 3~4mm이다. 수술은 5개, 암술은 1개이다. 열매는 삭과이며 세모진다.

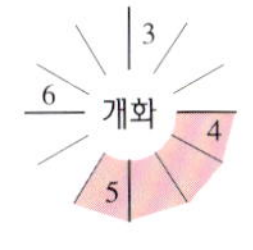

1997. 4. 27. 경기도 축령산

67. 태백제비꽃 *Viola albida* Palib.

중부 이남의 산에 자라는 여러해살이풀. 뿌리는 여러 갈래로 갈라진다. 높이 15~25cm이다. 잎은 뿌리에서 여러 장이 나며, 크기와 모양의 변이가 심하다. 잎몸은 긴 심장형 또는 난형으로 꽃이 핀 다음 크게 자라는데, 다 자라면 길이 4~12cm, 폭 2.5~10.5cm이다. 잎 가장자리에 안쪽으로 조금 구부러진 톱니가 있고 잎자루에 좁은 날개가 있다. 꽃은 4월 초순부터 5월 초순에 잎 사이에서 난 꽃줄기에 달리며 흰색인데 큰 편이고 향기가 있다. 꽃줄기의 가운데 부분에 선상의 포 2개가 마주 난다. 꽃잎은 5장으로 난형이며, 측판 안쪽에 털이 난다. 거(距)는 기둥 모양이다. 열매는 삭과이며 세모진다.

제비꽃과
여러해살이풀
15~25cm
삭과

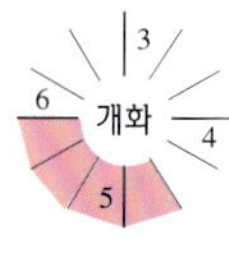

1996. 5. 6. 강원도 설악산

68. 금강제비꽃 *Viola diamantica* Nakai

제비꽃과
여러해살이풀
15~30cm
삭과

　제주도를 제외한 전국의 높은 산 숲 속에 자라는 한국 특산의 여러해살이풀. 뿌리줄기는 굵고 옆으로 뻗는다. 높이 15~30cm이다. 잎은 뿌리에서 여러 장이 나며, 잎자루는 길고 날개가 없다. 잎몸은 둥근 심장형으로 길이 7~10cm, 폭 6~11cm이며 끝이 뾰족하고 가장자리에 톱니가 있다. 잎은 날 때 양쪽 가장자리가 세로로 말리며 잎몸과 잎자루가 거의 수직을 이루고, 꽃이 진 다음 매우 크게 자란다. 꽃은 4월 하순부터 5월 하순에 잎자루보다 짧은 꽃자루에 1개씩 달리는데 흰색이고 큰 편이다. 폐쇄화는 땅 속에 있다. 수술은 5개, 암술은 1개이다. 열매는 삭과이며 겉에 자주색 무늬가 있다.

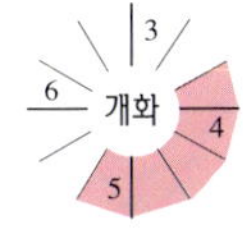

1985. 4. 20. 경기도 관악산

69. 남산제비꽃 *Viola dissecta* Ledeb. var. *chaerophylloides* (Regel) Makino

전국의 산에 자라는 여러해살이풀. 뿌리는 갈라지며 흰색이다. 높이 15~30cm이다. 잎은 뿌리에서 모여 나며 잎자루가 길다. 잎몸은 3갈래로 완전히 갈라지고 양쪽의 갈래는 다시 2갈래로 갈라져서 5장으로 갈라진 것처럼 보이며, 최종 갈래는 가늘다. 꽃줄기는 잎 사이에서 길게 나오며, 그 끝에 흰색 꽃이 1개씩 달린다. 포는 꽃줄기의 가운데 부분 또는 그 위에 달린다. 꽃잎은 5장으로 흰색 바탕에 자주색 줄이 있고 길이 1.0~1.5cm이며 측판에 털이 나고 향기가 있다. 거(距)는 짧은 원통형이고 길이 4mm쯤이다. 열매는 삭과이며 세모진다.

✻ 북부 지방에 자라는 간도제비꽃〔*V. dissecta* for. *pubescens* (Regel) Kitag.〕은 남산제비꽃과 비슷한데, 학자에 따라서는 남산제비꽃의 기본종으로 처리하기도 한다. 간도제비꽃은 남산제비꽃과 잎 모양이 비슷하지만 꽃이 보라색이고 측판에 털이 없다.

제비꽃과
여러해살이풀
15~30cm
삭과

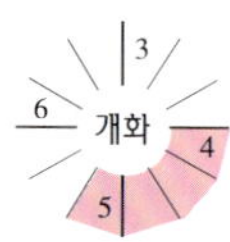

1998. 4. 18. 경상북도 운달산

70. 흰젖제비꽃 *Viola lactiflora* Nakai

개화 3 4 5 6

제비꽃과
여러해살이풀
15~30cm
삭과

중부 이남의 산과 들에 자라는 여러해살이풀. 높이 15~30cm이다. 잎은 뿌리에서 모여 나며 삼각상 피침형 또는 삼각상 긴 타원형이고 가장자리에 둔한 톱니가 있다. 잎자루는 잎몸보다 짧으며 날개가 거의 없다. 꽃은 4월 초순부터 5월 초순에 잎 사이에서 난 여러 개의 가는 꽃줄기 위에 1개씩 달리고 흰색이다. 꽃줄기 가운데 또는 조금 아래에 선상의 포가 2개 있다. 꽃받침은 5장으로 긴 난형이며 끝이 뾰족하다. 꽃잎은 타원형이며 측판 안쪽에 털이 조금 난다. 거(距)는 기둥 모양으로 길이 5mm쯤이다. 열매는 삭과이며 긴 타원형으로 세모진다.

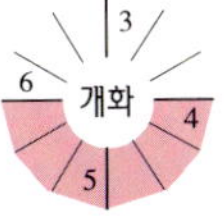

1993. 5. 18. 강원도 설악산

71. 노랑제비꽃 *Viola orientalis* (Maxim.) W. Becker

전국의 산에 자라는 여러해살이풀. 땅속줄기가 발달하고 통통한 수염뿌리가 많다. 줄기는 곧추서며 높이 10~20cm이다. 뿌리에서 난 잎은 2~3장이며 잎자루가 길다. 잎몸은 심장형으로 길이와 폭이 각각 2.5~4.0cm이며 가장자리에 톱니가 있다. 잎 앞면은 윤이 나고, 뒷면은 갈색을 띠며 뽀얗다. 줄기의 잎은 맨 아래의 1장을 제외하고는 잎자루가 짧다. 꽃은 4월 초순부터 5월 하순에 줄기 끝의 잎겨드랑이에 2~3개가 달리며 노란색이다. 꽃자루는 길이 2~4cm이다. 꽃잎은 5장이며 입술꽃잎에 자주색 줄이 있다. 열매는 삭과이며 난상 타원형으로 세모진다.

제비꽃과
여러해살이풀
10~20cm
삭과

흰꽃 1993. 4. 28. 충청북도 월악산

72. 제비꽃 *Viola mandshurica* W. Becker

전국의 들에 흔하게 자라는 여러해살이풀. 뿌리는 여러 갈래이고 갈색이다. 높이 15~20cm이다. 잎은 뿌리에서 모여 나고 잎자루가 길이 3~15cm이다. 잎몸은 피침형 또는 삼각상 피침형으로 길이 3~8cm, 폭 1.0~2.5cm이고 아래쪽으로 흘러 잎자루 위쪽에서 날개처럼 되며, 가장자리에 톱니가 있다. 꽃은 3월 초순부터 5월 초순에 피며, 진한 자주색이지만 드물게 흰색 바탕에 자주색 줄이 있는 것도 있다. 꽃잎은 5장이며 측판 안쪽에 털이 난다. 거(距)는 둥글고 조금 긴 편이며 길이 5~7mm이다. 열매는 삭과이며 넓은 타원형으로 세모진다.

개화
제비꽃과
여러해살이풀
15~20cm
삭과

❋ 호제비꽃(*V. yedoensis* Makino)과 비슷하지만 꽃잎의 측판에 털이 나고 잎자루 위쪽에 날개가 있어 구분된다.

1993. 4. 28. 충청북도 월악산

흰꽃 1997. 5. 4. 강원도 광덕산

73. 고깔제비꽃 *Viola rossii* Hemsl.

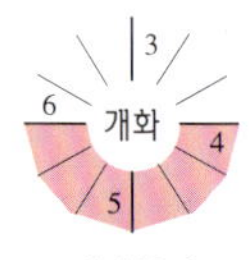

제비꽃과
여러해살이풀
10~20cm
삭과

전국의 산에 자라는 여러해살이풀. 뿌리줄기는 크고 마디가 많다. 높이 10~20cm이다. 잎은 뿌리에서 2~5장이 모여 난다. 잎자루는 잎보다 2~3배 길다. 잎몸은 심장형이며 다 자란 것은 길이와 폭이 각각 4~8cm이고 가장자리에 톱니가 있다. 꽃은 4월 초순부터 5월 하순에 잎보다 먼저 또는 잎과 동시에 피는데, 잎 사이에서 난 길이 10~15cm의 꽃자루 끝에 1개씩 달리고 붉은 보라색이다. 꽃받침잎은 5장이며 긴 타원형이다. 꽃잎은 5장이며 측판 안쪽에 털이 난다. 거(距)는 짧은 편이며, 끝이 둥글고 길이 3~4mm이다. 열매는 삭과이며 타원형으로 세모진다.

✱ 우리말 이름은 잎이 날 때 안쪽으로 말려서 고깔 모양으로 되는 데서 유래했다. 이 종과 비슷하지만 흰색 꽃이 피는 종류는 국내에 보고되지 않았는데, 강원도 광덕산에 드물게 자란다.

1995. 5. 6. 충청북도 소백산

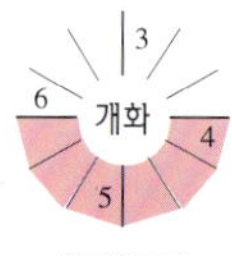

1997. 4. 30. 전라북도 덕유산

74. 뫼제비꽃 *Viola selkirkii* Pursh

제비꽃과
여러해살이풀
5~15cm
삭과

　　전국의 산에 자라는 여러해살이풀. 뿌리줄기는 짧고 가늘며, 꽃이 핀 다음 땅 속에 가늘고 긴 기는 줄기가 생긴다. 높이 5~15cm이다. 잎은 2~3장이 뿌리에서 모여 나며 잎자루는 길이 3~10cm이다. 잎몸은 심장형으로 길이와 폭이 각각 2~3cm이지만 꽃이 핀 다음 다 자라면 5cm쯤이다. 꽃줄기는 가운데 위쪽에 포가 2개 있으며 높이 5~8cm이다. 꽃은 4월 초순부터 5월 하순에 피며 연한 자주색 또는 보라색이다. 꽃잎은 5장으로 길이 1.5~1.7cm이며 입술꽃잎에 자주색 줄이 있고 측판에 털이 없다. 거(距)는 짧은 원통형이며 길이 6~8mm이다. 열매는 삭과이며 난형으로 세모진다.

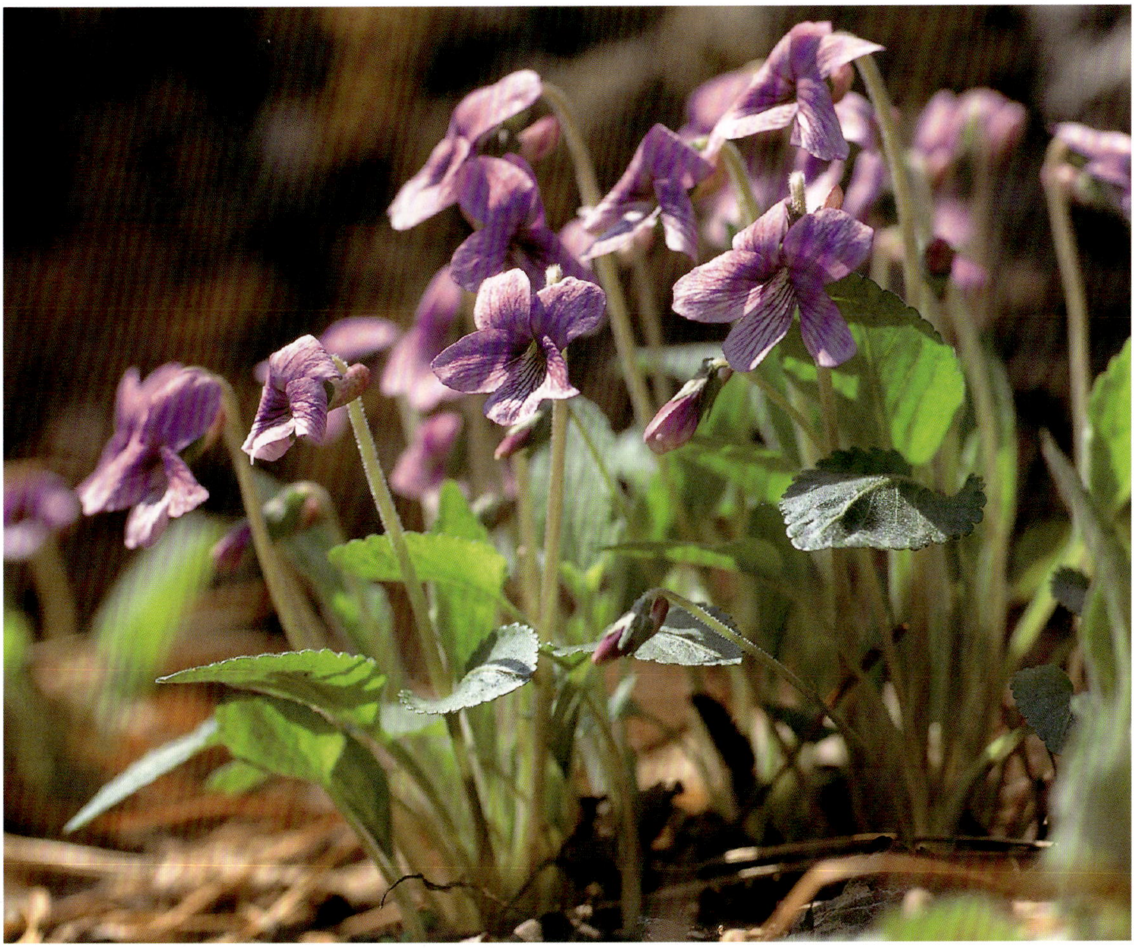

1999. 4. 18. 서울 북한산

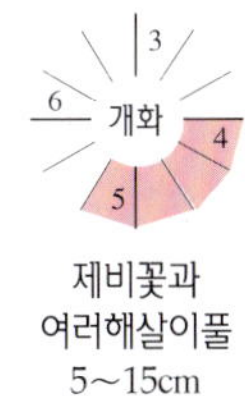

75. 서울제비꽃 *Viola seoulensis* Nakai

제주도를 제외한 전국의 산과 들에 자라는 한국 특산의 여러해살이풀. 높이 5~15cm이다. 잎은 뿌리에서 여러 장이 모여 나며 난상 피침형 또는 난상 타원형으로 길이 1.3~2.7cm, 폭 0.9~1.3cm이고 가장자리에 톱니가 있다. 잎몸과 잎자루에 가는 털이 난다. 잎자루의 위쪽에 날개가 조금 발달한다. 꽃줄기는 잎 사이에서 나며 겉에 털이 나고 높이 5.5~8.5cm이며, 가운데 부분에 선상의 포가 2개 있다. 꽃은 4월 초순부터 5월 초순에 꽃줄기 끝에 1개씩 달리며 붉은 보라색이다. 꽃잎은 긴 타원형 또는 난상 타원형이며 측판에 털이 조금 난다. 거(距)는 기둥 모양으로 긴 편이다. 열매는 삭과이며 난상 타원형으로 세모진다.

제비꽃과
여러해살이풀
5~15cm
삭과

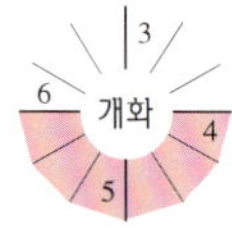

1996. 4. 28. 경기도 천마산

76. 민둥뫼제비꽃 *Viola tokubuchiana* Makino var. *takedana* F. Maek.

제비꽃과
여러해살이풀
10~20cm
삭과

경기도의 산에 자라는 한국 특산의 여러해살이풀. 뿌리줄기는 짧으며 땅 속에 가늘고 긴 흰색 뿌리가 있다. 땅 위의 줄기는 없다. 높이 10~20cm이다. 잎몸은 삼각상 난형 또는 난상 타원형으로 길이 3~6cm, 폭 2.0~4.5cm이며 끝이 뾰족하고 밑은 심장형이다. 잎자루는 길이 3~10cm이다. 잎 가장자리에 물결 모양의 톱니가 있다. 잎 앞면에 흰색 무늬가 있기도 하며, 뒷면은 보통 자줏빛이 돌고 흰색 털이 있다. 꽃줄기는 높이 5~8cm이며 자주색 반점이 있고 가운데 부분에 포가 2개 있다. 꽃은 4월 초순부터 5월 하순에 피며 흰색에 가까운 연한 분홍색이다. 꽃받침잎은 끝이 뾰족하고 길이 6~7mm이며 부속체에 톱니가 2~3개 있다. 꽃잎은 측판에 털이 없지만 조금 나는 경우도 있고 길이 1.2~1.5cm이다. 거(距)는 원기둥 모양으로 길이 6~7mm이다. 열매는 삭과이다.

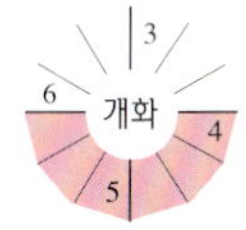

1998. 4. 19. 경상북도 주흘산

77. 알록제비꽃 *Viola variegata* Fisch.

　전국의 산과 들에 자라는 여러해살이풀. 뿌리줄기는 짧으며, 매끈하고 긴 뿌리들이 한 곳에서 난다. 줄기는 없다. 높이 10~20cm이다. 잎은 여러 장이 뿌리에서 나며 넓은 난형 또는 심장형으로 길이와 폭이 각각 2.5~5.0cm이다. 잎자루는 보통 길이 2~5cm이지만 꽃이 진 다음에 길이 15cm 이상 자라는 것도 있다. 잎 앞면에 얼룩 반점이 있고 뒷면은 자주색이며 가장자리에 톱니가 있다. 꽃줄기는 높이 1~10cm이다. 꽃은 4월 초순부터 5월 하순에 피며 자주색이다. 꽃받침잎은 난상 피침형으로 길이 3~7mm이다. 부속체는 둔하거나 둥글다. 꽃잎은 측판에 털이 많고 길이 0.8~1.3cm이다. 열매는 삭과이며 난상 타원형이다.

제비꽃과
여러해살이풀
10~20cm
삭과

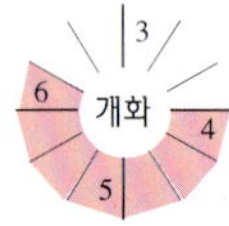

1997. 5. 1. 경상남도 덕유산

78. 콩제비꽃 *Viola verecunda* A. Gray

제비꽃과
여러해살이풀
5~20cm
삭과

전국의 저지대 습기가 있는 곳에 자라는 여러해살이풀. 줄기는 비스듬히 서거나 누워 자라며 털이 없고 높이 5~20cm이다. 뿌리에서 난 잎은 신장형으로 길이 1.5~2.5cm, 폭 2.0~3.5cm이며 가장자리에 둔한 톱니가 있다. 잎자루는 길이 4~10cm이다. 줄기에 난 잎은 어긋 나며 넓은 심장형으로 길이 0.7~2.0cm이고 가장자리가 밋밋하거나 뚜렷하지 않은 톱니가 있다. 꽃은 4월 초순부터 6월 초순에 잎겨드랑이에서 난 꽃자루 끝에 1개씩 달리며 흰색이다. 꽃받침잎은 넓은 피침형으로 길이 4~5mm이다. 부속체는 끝이 둥글고 가장자리가 밋밋하다. 꽃잎은 입술꽃잎에 자주색 줄이 있고 측판에 털이 나며 길이 0.8~1.0cm이다. 거(距)는 주머니 모양으로 길이 2~3mm이다. 열매는 삭과이다.

79. 왕제비꽃

Viola websteri Hemsl.

강원도, 경기도, 충청북도 및 북부 지방의 산에 드물게 자라는 여러해살이풀. 뿌리줄기는 가늘고 짧다. 줄기는 곧추서며 털이 없고 높이 40~60cm이다. 잎은 어긋 나며 긴 타원형으로 길이 8~12cm, 폭 2~3cm이고 가장자리에 톱니가 발달한다. 턱잎은 깃 모양으로 갈라진다. 꽃은 4월 하순부터 5월 중순에 잎겨드랑이 또는 줄기 끝에서 난 길이 3~6cm의 꽃자루에 1개씩 달리며 흰색이다. 꽃받침 잎은 5장으로 좁고 길며 길이 5~6mm이다. 꽃잎은 측판 안쪽에 털이 없고 입술꽃잎에 자주색 줄이 있으며 길이 1.2~1.3cm이다. 거(距)는 길이 3mm쯤이다. 열매는 삭과이다.

✳ 강원도의 계방산·삼악산, 경기도의 명지산·유명산, 충청북도의 국사봉에 자라고 북부 지방 및 만주에 분포한다. 환경부가 보호 야생식물 42호로 지정해 보호하고 있다.

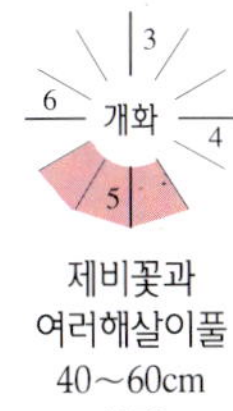

제비꽃과
여러해살이풀
40~60cm
삭과

1997. 5. 9. 경기도 유명산

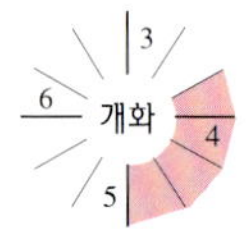

1997. 4. 9. 경상북도 울릉도

80. 우산제비꽃 *Viola woosanensis* Y. Lee et J. Kim

경상북도 울릉도 성인봉의 숲 속에 자라는 한국 특산의 여러해살이풀. 줄기는 없다. 높이 10
~20cm이다. 턱잎은 끝이 뾰족하고 가장자리에 선모가 있으며 길이 1.0~1.3cm이다. 잎은 삼각
상 난형으로 불규칙하게 갈라지고 가장자리에 톱니가 있으며 양면에 털이 난다. 잎 앞면은 진
한 녹색, 뒷면은 자줏빛을 띠며 길이 3.6~7.5cm, 폭 2.5~4.5cm이다. 잎자루는 길이 2.5~2.8cm
이다. 꽃은 3월 하순부터 4월 하순에 피며 보라색으로 길이 2.0~2.2cm이다. 꽃줄기는 갈색을
띤 녹색으로 높이 3.0~7.5cm이다. 꽃받침잎은 피침형으로 아래쪽은 이 모양이고 끝이 뾰족하
며 길이 1.4cm, 폭 3.8cm쯤이다. 열매는 삭과이다.

제비꽃과
여러해살이풀
10~20cm
삭과

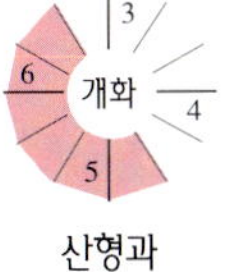

1996. 5. 6. 강원도 점봉산

81. 붉은참반디 *Sanicula rubriflora* F. Schmidt

전라북도 및 경상북도 이북의 깊은 계곡 숲 속에 자라는 여러해살이풀. 뿌리줄기는 굵으며 검은빛을 띠고 많은 뿌리가 난다. 줄기는 1~2대가 곧추서며 꽃이 핀 다음 더 자라 높이 20~ 50cm가 되고 위쪽에 1쌍의 잎이 마주 난다. 뿌리에서 난 잎은 둥근 신장형으로 지름 6~20cm 이고 3갈래로 깊게 갈라지며 양쪽 갈래는 다시 2갈래로 갈라진다. 잎자루는 길이 20~40cm이 다. 잎 가장자리에 겹톱니 또는 결각이 있다. 줄기에 난 잎은 잎자루가 없고 3갈래로 갈라진 다. 꽃은 4월 하순부터 6월 중순에 피고 어두운 자주색이다. 줄기 위쪽의 마주 난 잎 사이에서 1~5개의 꽃자루가 나온 다음 이 꽃자루들 각각에 자루가 매우 짧은 여러 개의 꽃이 달린다. 꽃차례 가장자리에는 자루가 긴 수꽃이 달리고 가운데 부분에는 자루가 짧은 양성화가 달린 다. 작은 총포는 선상 피침형이다. 열매는 분과이며 1~3개씩 달리고, 겉에 끝이 구부러진 가 시가 있다.

산형과
여러해살이풀
20~50cm
분과

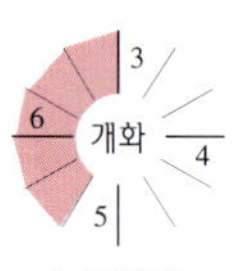

2001. 6. 4. 제주도 한라산

82. 매화노루발 *Chimaphila japonica* Miq.

개화 3
4
5
6

노루발과
여러해살이풀
5~10cm
삭과

　전국의 숲 속에 자라는 상록성 여러해살이풀. 줄기는 가지가 갈라지기도 하며, 밑부분이 조금 옆으로 굽었다가 곧추서고 높이 5~10cm이다. 잎은 어긋 나는데, 층으로 모여 돌려 난 것처럼 보이며 두꺼운 가죽질이고 진한 녹색이다. 잎자루는 길이 6~8mm이다. 잎몸은 넓은 피침형으로 길이 2.0~3.5cm, 폭 0.6~1.0cm이며 가장자리에 날카로운 톱니가 있다. 꽃은 5월 중순부터 6월 하순에 줄기 끝에 난 길이 4~8cm의 꽃자루 끝에 1개씩 밑을 향해 달리며 흰색이다. 꽃자루는 위쪽에 1~2개의 포가 있으며 곁에 털 같은 작은 돌기가 있다. 꽃받침은 5갈래로 갈라지고 길이 6~7mm이다. 꽃잎은 5장이며 도란상 원형으로 길이 7~8mm이다. 수술은 10개이다. 열매는 삭과이며 납작하고 둥글며, 익으면 5갈래로 벌어진다.

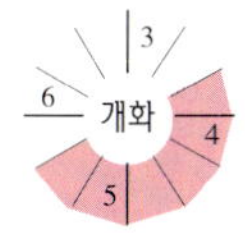

1995. 3. 20. 제주도

83. 뚜껑별꽃 *Anagallis arvensis* L.

　제주도의 저지대에 자라는 한해살이풀. 줄기는 옆으로 뻗다가 비스듬히 서며 높이 10~30cm
이다. 잎은 마주 나며 잎자루가 없다. 잎몸은 난형 또는 좁은 피침형으로 길이 1.0~2.5cm, 폭
0.5~1.5cm이며 가장자리가 밋밋하다. 꽃은 3월 하순부터 5월 중순에 잎겨드랑이에서 난 꽃자
루에 1개씩 달리며 푸른빛이 도는 보라색이다. 꽃자루는 길이 2~3cm이다. 화관은 5갈래로 갈
라져 수평으로 퍼지고, 지름 1.0~1.5cm이다. 갈래는 도란상 원형이고 가장자리에 잔털이 많다.
수술은 5개이고 화관 갈래에 수직으로 선다. 수술대에 털이 많다. 열매는 삭과이며 둥글고 가
운데에서 옆으로 갈라져 뚜껑처럼 열리며 지름 4mm쯤이다.

앵초과
한해살이풀
10~30cm
삭과

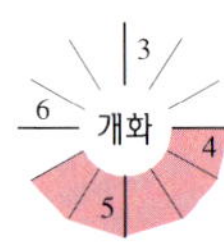

1991. 4. 20. 경기도 수원

84. 봄맞이 *Androsace umbellata* (Lour.) Merr.

3
6 개화 4
5

앵초과
두해살이풀
10~15cm
삭과

전국의 들에 흔하게 자라는 두해살이풀. 줄기는 길이 10~15cm이다. 잎은 모두 뿌리에서 나와 땅 위로 퍼지며 연한 녹색이고 잎자루는 길이 1~2cm이다. 잎몸은 반원형 또는 심장상 신장형으로 길이와 폭이 각각 0.4~1.5cm이며 가장자리에 둔한 톱니가 있다. 전체에 다세포로 된 퍼진 털이 있다. 꽃은 4월 초순부터 5월 중순에 잎 사이에서 난 높이 5~10cm의 꽃줄기 끝에 4~10개씩 산형 꽃차례로 달리며 흰색이고 지름 4~5mm이다. 꽃자루는 길이 1~4cm이다. 꽃자루 밑의 포는 잎처럼 생겼으며 난형이다. 꽃받침은 5갈래로 깊게 갈라지고 꽃이 진 다음 더 자란다. 화관은 5갈래로 갈라지며 갈래는 긴 타원형이다. 열매는 삭과이며 둥글다.

85. 큰앵초

Primula jesoana Miq.

전국의 높은 산 계곡 주변이
나 습기가 많은 숲 속에 자라
는 여러해살이풀. 전체에 잔털
이 있다. 뿌리줄기는 짧고 옆으
로 뻗는다. 잎은 손바닥 모양의
둥근 신장형으로 길이 4~8cm,
폭 6~12cm이고 잎자루는 길이
30cm쯤이다. 잎 가장자리는 7
~9갈래로 얕게 갈라지고 톱니
가 있다. 꽃은 5월 중순부터 7
월 초순에 잎 사이에서 난 높
이 20~40cm의 꽃줄기 위쪽에
1~4층으로 층층이 달리는데
각 층에 5~6개의 꽃이 달리며
붉은 보라색이다. 꽃자루는 길
이 1~4cm이다. 꽃받침은 통형
이며 5갈래로 깊게 갈라진다.
화관통은 길이 1.2~1.4cm이다.
수술은 5개이다. 열매는 삭과이
며 난상 긴 타원형으로 길이
0.7~1.2cm이다.

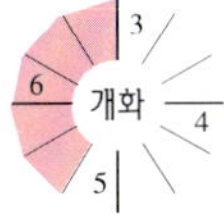

앵초과
여러해살이풀
20~40cm
삭과

1995. 5. 31. 강원도 가리왕산

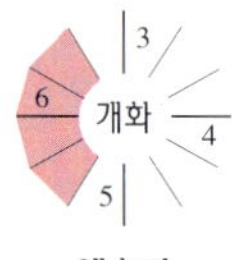

1983. 5. 26. 제주도 한라산

86. 설앵초 *Primula modesta* Bisset et S. Moore var. *fauriei* (Franch.) Takeda

3
6 개화 4
5

앵초과
여러해살이풀
약 15cm
삭과

　전라북도 덕유산, 경상남도 가야산·신불산, 제주도 한라산 및 북부 지방의 높은 산 고지대
에 자라는 여러해살이풀. 잎은 뿌리에서 모여 나고 잎자루가 길며 주걱 모양이다. 잎 가장자리
에 톱니가 있고 뒷면은 흰 연두색 가루를 덮어쓴 것 같다. 꽃은 5월 중순부터 6월 중순에 높
이 15cm쯤의 꽃줄기 끝에 산형 꽃차례로 달리며 연한 자주색 또는 드물게 흰색이고 지름 1.0
~1.4cm이다. 꽃자루는 꽃이 필 때 길이 1.5cm쯤이지만 나중에 더 길어진다. 꽃자루 밑에 선형
의 작은 포가 있다. 화관은 위쪽이 5갈래로 갈라져 수평으로 퍼지며 갈래의 끝 가운데가 오목
하게 들어간다. 수술은 5개, 암술은 1개이다. 열매는 삭과이며 통형으로 5갈래로 갈라진다.

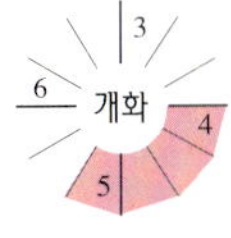

1990. 5. 3. 경기도 광릉

87. 앵초 *Primula sieboldii* E. Morren

　전국의 냇가 부근 습기가 있는 곳에 자라는 여러해살이풀. 전체에 부드러운 털이 난다. 뿌리줄기는 짧고 옆으로 비스듬히 서며 잔뿌리가 내린다. 잎은 모두 뿌리에서 모여 나며 잎자루가 길다. 잎몸은 난형 또는 타원형으로 길이 4~10cm, 폭 3~6cm이며 앞면에 주름이 진다. 잎 가장자리는 얕게 갈라지고 톱니가 있다. 꽃은 4월 초순부터 5월 초순에 잎 사이에서 난 높이 15~40cm의 꽃줄기에 7~20개가 산형 꽃차례로 달리며, 붉은 보라색 또는 드물게 흰색이다. 꽃자루는 길이 2~3cm이며 겉에 돌기 같은 털이 난다. 꽃자루 밑의 포는 피침형이다. 화관은 지름 2~3cm이며 끝이 5갈래로 갈라져서 수평으로 퍼지고 갈래의 끝은 오목하다. 열매는 삭과이며 둥근 원추형이다.

앵초과
여러해살이풀
15~40cm
삭과

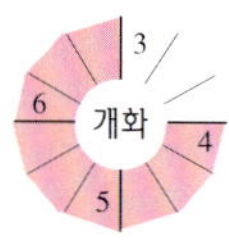

1991. 5. 7. 경기도 광주

88. 구슬붕이 *Gentiana squarrosa* Ledeb.

용담과
두해살이풀
2~10cm
삭과

　전국의 양지바른 들에 자라는 두해살이풀. 줄기는 밑에서 여러 대가 모여 나며 가지가 많이 갈라지고 높이 2~10cm이다. 잎은 마주 난다. 밑동에 난 잎은 2~3쌍으로 십자가 모양으로 늘어서며, 피침형으로 길이 1~4cm이고 끝이 까락처럼 뾰족하다. 잎자루는 없다. 줄기에 난 잎은 넓은 난형으로 길이 0.5~1.0cm이며 끝이 뾰족하다. 꽃은 4월 초순부터 6월 하순에 가지 끝의 짧은 꽃자루에 달리며 연한 보라색이다. 꽃받침은 5갈래로 갈라지고 난형이며 끝이 가시처럼 된다. 화관은 종형으로 길이 1.2~1.5cm이며 화관의 갈래 사이에 작은 갈래가 있다. 수술은 5개, 암술은 1개이다. 열매는 삭과이며 긴 자루가 있어 화관 밖으로 나와 2갈래로 갈라진다.

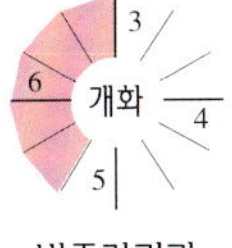

1995. 5. 27. 제주도 한라산

89. 민백미꽃 *Cynanchum ascyrifolium* (Franch. et Sav.) Matsum.

전국의 산과 들에 자라는 여러해살이풀. 전체에 가는 털이 난다. 굵은 수염뿌리가 많다. 줄기는 곧추서며 가지가 갈라지지 않고, 자르면 흰색 유액이 나오며 높이 30~60cm이다. 잎은 마주 나며 잎자루는 길이 1~2cm이다. 잎몸은 타원형으로 길이 8~15cm, 폭 4~8cm이며 가장자리가 밋밋하다. 꽃은 5월 중순부터 7월 초순에 줄기 끝과 위쪽의 잎겨드랑이에 산형으로 달려 전체적으로 취산 꽃차례를 이루며 흰색이고 지름 2cm이다. 꽃자루는 길이 1~3cm이다. 꽃받침은 5갈래로 갈라지며 녹색이고 가는 털이 있다. 화관은 5갈래로 갈라지며 부화관이 있고 털이 없다. 열매는 골돌과이며 뿔 모양으로 털이 없다.

박주가리과
여러해살이풀
30~60cm
골돌과

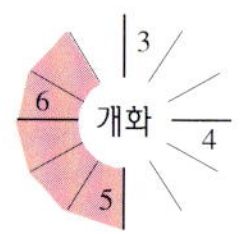

1996. 5. 10. 경상북도 울릉도

90. 선갈퀴 *Asperula odorata* L.

꼭두서니과
여러해살이풀
25~40cm
분과

강원도, 경상북도 및 북부 지방의 숲 속에 자라는 여러해살이풀. 땅속줄기가 옆으로 뻗어 번식한다. 줄기는 곧추서며 네모지고 높이 25~40cm이다. 잎은 6~10장이 돌려 나고 잎자루가 없다. 잎몸은 긴 타원형 또는 타원상 피침형으로 길이 2.5~4.0cm, 폭 0.5~1.0cm이며, 양끝이 좁고 뒷면 중륵과 가장자리에 위를 향한 거친 털이 난다. 꽃은 5월 초순부터 6월 중순에 줄기 끝에 취산 꽃차례로 달리고 흰색이다. 화관은 깔때기 모양이며 4갈래로 갈라지고 지름 4~5mm이다. 수술은 4개이다. 열매는 분과(分果)이며 둥근 모양이고 겉에 갈고리 같은 털이 많다.

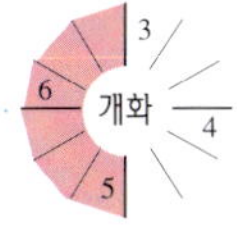

1997. 6. 10. 경상북도 울릉도

91. 갯메꽃 *Calystegia soldanella* (L.) Roem. et Schult.

　중부 이남의 바닷가 모래땅에 자라는 덩굴성 여러해살이풀. 땅속줄기는 굵고 옆으로 뻗는다. 줄기는 땅 위를 기거나 다른 물체에 기어올라가며 길이 20~40cm이다. 잎은 어긋 나며 윤이 나고 두껍다. 잎자루는 길이 2~5cm이다. 잎몸은 신장형으로 길이 2~3cm, 폭 3~5cm이며 끝이 오목하거나 둥글고 가장자리에 물결 모양의 톱니가 있다. 꽃은 5월 초순부터 6월 하순에 잎겨드랑이에서 난 꽃자루에 1개씩 달리며 분홍색이고 지름 4~5cm이다. 꽃자루는 잎보다 조금 길거나 같다. 포는 넓은 난상 삼각형으로 길이 1.0~1.3cm이며 총포처럼 꽃받침을 둘러싼다. 화관은 조금 오각이 지는 나팔 모양이다. 수술은 5개, 암술은 1개이다. 열매는 삭과이며 둥글고 씨는 검은색이다.

메꽃과
여러해살이풀
20~40cm
삭과

92. 참꽃마리

Trigonotis nakaii H. Hara

전국의 숲 속에 자라는 여러해살이풀. 전체에 짧은 털이 난다. 줄기는 여러 대가 모여 나며 비스듬히 서서 높이 10~15cm로 자란 다음 땅 위를 기며 더 자란다. 잎은 어긋 나며 뿌리에서 난 잎과 줄기 밑부분의 잎은 잎자루가 길지만 위로 갈수록 짧다. 잎몸은 난형으로 길이 1.5~4.0cm이며 밑이 원형 또는 심장형이고 가장자리가 밋밋하다. 꽃은 4월 중순부터 6월 초순에 줄기 위쪽의 잎겨드랑이 또는 그 부근에서 난 길이 1~2cm의 꽃자루에 달리는데 전체가 총상 꽃차례로 되며, 하늘색 또는 연한 보라색이고 지름 0.8~1.0cm이다. 화관은 통형이고 5갈래로 갈라진다. 수술은 5개, 암술은 1개이다. 열매는 소견과이다.

✳ 덩굴꽃마리〔*T. icumae* (Maxim.) Makino〕와 비슷하나 꽃차례에 잎이 있고, 줄기가 땅 위로 늘어지지 않고 비스듬히 서는 특징으로 구분된다.

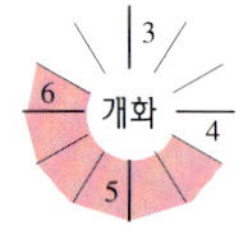

지치과
여러해살이풀
10~30cm
소견과

1983. 5. 4. 전라남도 지리산

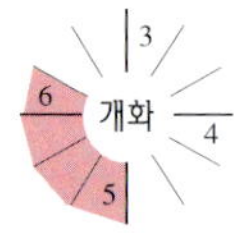

1996. 5. 25. 강원도 설악산

93. 당개지치 *Brachybotrys paridiformis* Maxim.

지치과
여러해살이풀
약 40cm
소견과

중부 이북의 산에 자라는 여러해살이풀. 뿌리줄기는 옆으로 뻗고 군데군데에서 줄기가 난다. 줄기는 곧추서며 가지가 없고 높이 40cm쯤이다. 잎은 어긋 나고 성기게 달리지만 줄기 위쪽에서는 촘촘히 달려 5~6장이 돌려 난 것처럼 보인다. 잎몸은 넓은 타원형 또는 타원상 피침형이며 가장자리가 밋밋하고 뒷면에 누운 털이 난다. 꽃은 자주색 또는 보라색이며, 5월 초순부터 6월 초순에 줄기 위쪽의 잎 사이에서 길이 4cm쯤의 꽃대가 나와 여러 개의 꽃자루가 총상으로 붙는다. 꽃자루는 길이 0.5~2.0cm이다. 꽃받침은 5갈래로 깊게 갈라지며 갈래는 피침형이고 끝이 날카롭고 흰색 털이 있다. 화관은 5갈래이며, 갈래는 타원형이다. 수술은 5개이며 짧다. 암술은 1개이고 암술대는 길다. 열매는 소견과이다.

94. 조개나물

Ajuga multiflora Bunge

전국의 양지바른 들에 자라는 여러해살이풀. 전체에 긴 털이 많다. 줄기는 곧추서며 높이 30cm쯤이다. 잎은 마주 난다. 뿌리에서 난 잎은 보통 잎자루가 길며, 피침형으로 길이 17cm쯤이다. 줄기에 난 잎은 잎자루가 없고 난형 또는 난상 타원형으로 길이 5cm쯤이다. 꽃은 4월 초순부터 6월 하순에 잎겨드랑이에 여러 개가 달리며 자주색이고 꽃자루가 없다. 꽃받침은 통형으로 1/2 이상까지 5갈래로 갈라진다. 화관은 긴 통형으로 끝이 입술 모양인데, 3갈래로 갈라지는 아랫입술이 더 넓고 크다. 수술은 4개이며 그 중에서 2개가 길다. 열매는 소견과이며 납작하고 둥근 모양이다.

✽ 꽃이 흰 것을 '흰조개나물'이라 하여 변종 또는 품종으로 구분하기도 한다.

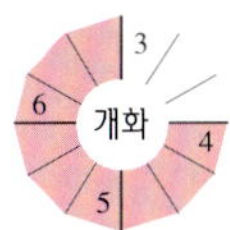

꿀풀과
여러해살이풀
약 30cm
소견과

1987. 5. 5. 경기도 청계산

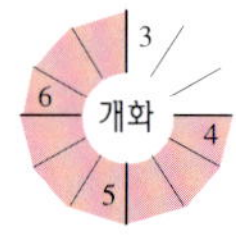

1995. 4. 10. 제주도

95. 금란초(금창초) *Ajuga decumbens* Thunb.

꿀풀과
여러해살이풀
약 10cm
소견과

남부 지방의 들에 흔하게 자라는 여러해살이풀. 전체에 털이 난다. 줄기는 옆으로 뻗는다. 뿌리에서 난 잎은 여러 장이 모여 나서 땅 위에 퍼지며, 넓은 피침형으로 길이 4~6cm, 폭 1~2cm이고 가장자리에 물결 모양의 톱니가 있다. 줄기에 난 잎은 마주 나며, 긴 타원형 또는 난형으로 길이 1.5~3.0cm이다. 꽃줄기는 높이 10cm쯤으로 곧추서며 몇 쌍의 잎이 달리고 자줏빛이 돈다. 꽃은 4월 초순부터 8월 하순에 잎겨드랑이에 여러 개가 돌려 나고 분홍색 또는 자주색이다. 꽃받침은 5갈래로 갈라지며 털이 있다. 화관통은 길이 8mm쯤으로 위쪽은 2갈래, 아래쪽은 3갈래로 갈라지는데, 아래쪽의 가운데 갈래가 가장 크다. 수술은 4개이며, 그 중에서 2개가 길다. 열매는 소견과이다.

✻ '금창초'라고도 부르며, 내장산 부근에 자라는 꽃이 분홍색인 것을 내장금란초(*A. decumbens* var. *rosa* Y. Lee)로 구분하기도 한다.

연분홍꽃 1990. 4. 21. 전라남도 두륜산

진분홍꽃 1990. 4. 20. 전라남도 내장산

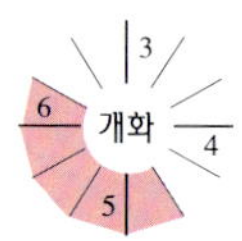

1996. 5. 24. 강원도 설악산

96. 별깨덩굴 *Meehania urticifolia* (Miq.) Makino

꿀풀과
여러해살이풀
15~30cm
소견과

　　전국의 산 그늘진 곳에 자라는 여러해살이풀. 줄기는 네모지며 긴 털이 드문드문 있고, 꽃이 진 다음 옆으로 뻗으며 마디에서 뿌리가 내려 이듬해 이 곳에서 꽃줄기가 난다. 꽃줄기는 잎이 5쌍쯤 마주 나며 높이 15~30cm이다. 잎몸은 심장형으로 길이 2~5cm, 폭 2.0~3.5cm이며, 잎자루가 있고 가장자리에 둔한 톱니가 있다. 덩굴줄기의 잎은 길이 10cm에 이른다. 꽃은 4월 하순부터 6월 초순에 꽃줄기 위쪽의 잎겨드랑이에 한쪽을 향해 층층이 달리며 보라색 또는 매우 드물게 흰색이다. 꽃받침은 통형으로 길이 1cm쯤이며 끝이 5갈래로 갈라진다. 화관통은 길이 4~5cm로 아랫입술의 가운데 갈래가 가장 크고, 옆의 갈래에는 자주색 점과 흰색 털이 있다. 수술은 4개이며 그 중에서 2개가 길다. 열매는 소견과이다.

　　＊ 꽃이 흰 것을 흰별깨덩굴(*M. urticifolia* for. *leucantha* H. Hara), 붉은 것을 붉은별깨덩굴(*M. urticifolia* for. *rubra* T. Lee)로 구분하기도 한다.

흰벌깨덩굴 1998. 5. 6. 전라북도 덕유산

붉은벌깨덩굴 1997. 5. 11. 강원도 설악산

97. 배암차즈기

Salvia plebeia R. Br.

전국의 도랑 근처 습한 땅에 자라는 두해살이풀. 겨울 동안 뿌리에서 난 잎이 무성하게 자라지만 꽃이 필 때 시든다. 줄기는 네모지고 겉에 밑을 향한 잔털이 나며 높이 30~70cm이다. 줄기에 난 잎은 난상 긴 타원형 또는 넓은 피침형으로 길이 3~6cm, 폭 1~2cm이며 양면에 털이 드문드문 나고 가장자리에 둔한 톱니가 있다. 꽃은 5월 초순부터 7월 중순에 줄기 끝과 위쪽의 잎겨드랑이에 길이 8~10cm의 총상 꽃차례로 달리고, 연한 자주색이다. 꽃받침은 입술 모양으로 길이 2.5~3.0mm이다. 화관은 작은 입술 모양으로 길이 4~5mm이다. 수술은 2개이다. 열매는 소견과이며 넓은 타원형이다.

꿀풀과
두해살이풀
30~70cm
소견과

1997. 5. 20. 제주도

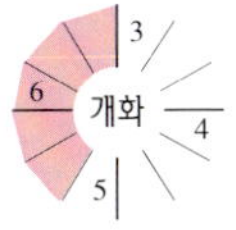

1997. 6. 13. 경기도 축령산

98. 산골무꽃 *Scutellaria pekinensis* Maxim. var. *transitra* H. Hara

전국의 산에 자라는 여러해살이풀. 땅속줄기는 가늘고 길며 흰색이다. 줄기는 모가 나며 겉에 털이 나고 높이 25cm쯤이다. 잎은 마주 나며 잎자루가 길다. 잎몸은 난형으로 길이 2~4cm, 폭 1~3cm이며 가장자리에 톱니가 있다. 꽃은 5월 중순부터 6월 하순에 수상 꽃차례로 달리며 연한 자주색이다. 포는 잎처럼 생겼다. 꽃받침은 녹색이며 위쪽 갈래는 투구 모양이다. 화관통은 길이 1.5~2.0cm이며 아랫입술이 얕게 갈라진다. 수술은 4개이며, 그 중에서 2개가 길다. 암술대는 끝이 2갈래로 갈라진다. 열매는 4개의 소견과이며 꽃받침 속에 들어 있다.

개화
3 · 4 · 5 · 6

꿀풀과
여러해살이풀
약 25cm
소견과

1985. 5. 6. 경상북도 소백산

1985. 5. 31. 강원도 태백산

99. 광대수염

Lamium album L. var. *barbatum* (Siebold et Zucc.) Franch. et Sav.

전국의 산 숲 속 그늘진 곳에 자라는 여러해살이풀. 줄기는 네모지고 높이 30~60cm이며 털이 조금 있다. 잎은 마주 나고 잎자루가 있다. 잎몸은 난형으로 길이 5~10cm, 폭 3~8cm이며 끝이 뾰족하고 밑은 둥글거나 심장형이다. 잎 양면 맥 위에 털이 드문드문 나고 주름이 지며 가장자리에 톱니가 있다. 꽃은 4월 중순부터 6월 초순에 잎겨드랑이에 5~6개씩 층층이 달리며 흰색 또는 연한 노란색이다. 꽃받침은 길이 1.3~1.8cm로 5갈래이며 가장자리에 털이 난다. 화관은 윗입술이 투구 모양이고 아랫입술은 넓게 퍼지며 옆에 부속체가 있다. 수술은 2강 웅예, 암술은 1개이다. 열매는 소견과이다.

❋ 기본종은 왜광대수염으로 전체에 털이 많고 잎은 긴 난형인데, 강원도, 전라남도, 경상남도, 제주도 및 북부 지방에 자라고 조금 드물다.

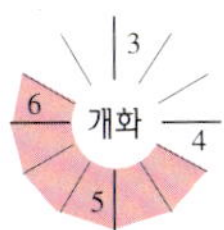

꿀풀과
여러해살이풀
30~60cm
소견과

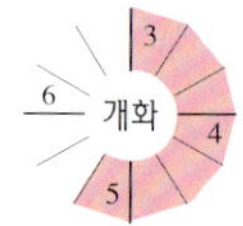

1995. 3. 20. 제주도

100. 광대나물 *Lamium amplexicaule* L.

꿀풀과
두해살이풀
10~20cm
소견과

　전국의 밭이나 길가에 자라는 두해살이풀. 줄기는 밑에서 많이 갈라지며 자줏빛이 돌고 높이 10~20cm이다. 잎은 마주 난다. 줄기 밑부분의 잎은 원형으로 지름 1~2cm이고 잎자루가 길며 위쪽의 잎은 잎자루가 없고 반원형이며, 양쪽에서 줄기를 완전히 둘러싼다. 꽃은 3월 초순부터 5월 초순에 잎겨드랑이에 여러 개가 달리며 붉은 자주색이다. 꽃받침은 길이 5mm쯤이며 5갈래로 갈라지고 털이 있다. 화관은 통이 길고 위쪽에서 갈라지는데, 아랫입술은 3갈래로 갈라진다. 수술은 4개이며, 그 중에서 2개가 길다. 열매는 소견과이며 난형이고 3개의 능선이 있다.

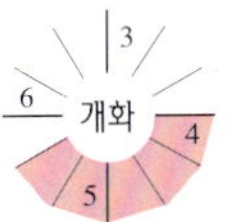

1995. 5. 6. 경상북도 소백산

개화 초기
1997. 4. 5. 경상남도 덕유산

101. 미치광이풀 *Scopolia parviflora* (Dunn) Nakai

경상남도 남덕유산 이북에 자라는 한국 특산의 여러해살이풀. 전체에 털이 없고 연하다. 뿌리줄기는 퉁퉁하고 마디가 많다. 줄기는 곧추서며 가지가 조금 갈라지고 높이 30~60cm이다. 잎은 어긋 나며 잎자루가 있다. 잎몸은 난형으로 길이 10~20cm, 폭 3~7cm이며 가장자리가 밋밋하다. 꽃은 4월 초순부터 5월 중순에 잎겨드랑이에서 난 길이 3~5cm의 꽃자루에 1개씩 달리며 검은빛이 도는 자주색이다. 꽃받침은 짧은 통형이며 녹색이고 끝이 5갈래로 깊게 갈라진다. 화관은 종형으로 길이 2cm쯤이며 가장자리가 5갈래로 얕게 갈라진다. 수술은 5개이다. 열매는 삭과이며 둥글다.

✻ 경기도와 강원도의 산에 주로 자라며, 소백산, 주흘산, 덕유산 등지에도 자란다. 일본에 나는 종 (*S. japonica* Maxim.)과 같은 것으로 보는 학자도 있지만 땅속줄기의 형태와 염색체 수가 다르다. 뿌리와 잎은 진통제와 황산 아트로핀의 제조에 쓰인다.

가지과
여러해살이풀
30~60cm
삭과

1996. 5. 25. 강원도 설악산

102. 만주송이풀 *Pedicularis manshurica* Maxim.

3
6 개화 4
5
현삼과
여러해살이풀
약 30cm
삭과

　강원도 설악산 및 북부 지방의 높은 산 능선에 자라는 여러해살이풀. 줄기는 곧추서며 능선을 따라 털이 나고 높이 30cm쯤이다. 잎은 깃꼴겹잎이며, 갈래는 피침형 또는 선형으로 길이 2.3cm, 폭 0.7cm쯤이고 다시 깃 모양으로 갈라진다. 뿌리에서 난 잎은 여러 장이 모여 나며 가장자리에 비늘잎이 달리는데 잎자루를 포함해 길이 15~20cm이다. 줄기에 난 잎은 뿌리에서 난 잎과 비슷하지만 잎자루가 없다. 꽃은 5월 하순부터 7월 초순에 줄기 끝의 잎겨드랑이에 1개씩 달리며 흰빛이 도는 연한 노란색이다. 꽃받침은 종형으로 길이 1.7cm쯤이고 끝이 5갈래로 갈라지며 갈래는 잎 모양이다. 화관은 길이 2.5cm쯤이며 입술 모양으로 위쪽 갈래는 투구 모양이다. 열매는 삭과이며 긴 난형이다.

1991. 5. 12. 강원도 태백산

103. 쥐오줌풀 *Valeriana fauriei* Briq.

전국의 산과 들에 자라는 여러해살이풀. 땅속줄기는 짧고 뿌리는 향기가 강하다. 줄기는 곧추서며 마디에 흰색 털이 나고 높이 40~80cm이다. 뿌리에서 난 잎은 꽃이 필 때 시든다. 줄기에 난 잎은 마주 나며 밑부분의 것은 잎자루가 긴 깃꼴겹잎으로 갈래는 난형 또는 선상 피침형이고 가장자리에 둔한 톱니가 드문드문 있다. 꽃은 4월 중순부터 7월 하순에 줄기 끝에 산방상으로 많이 달리며 연한 분홍색 또는 흰색이다. 화관은 5갈래로 갈라지며 화관통이 가늘다. 수술은 3개이며 화관 밖으로 길게 나온다. 열매는 수과이며 피침형이고 관모가 있어 바람에 날린다.

마타리과
여러해살이풀
40~80cm
수과

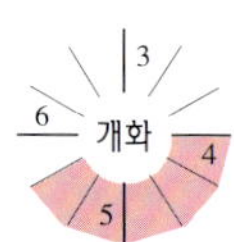

1995. 4. 10. 제주도 한라산

104. 연복초 *Adoxa moschatellina* (Tourn.) L.

연복초과
여러해살이풀
8~17cm
핵과

　전국의 산 저지대에 자라는 여러해살이풀. 뿌리줄기는 짧고 기는 줄기가 옆으로 뻗는다. 줄기는 높이 8~17cm이다. 뿌리에서 난 잎은 잎자루가 길고 1~3회 갈라지며 줄기와 높이가 비슷하다. 줄기에 난 잎은 1쌍으로 잎자루가 있고 3갈래로 갈라진다. 꽃은 4월 초순부터 5월 중순에 줄기 끝에 5개쯤이 꽃자루 없이 모여 달려 두상 꽃차례처럼 되며, 노란빛이 조금 도는 녹색이다. 맨 끝에 위를 향해 달린 꽃은 화관이 4갈래로 깊게 갈라지고 수술이 8개이다. 옆의 꽃들은 화관이 5갈래로 갈라지고 수술이 10개이다. 열매는 핵과이며 단단하고 3~5개가 모여 달린다.

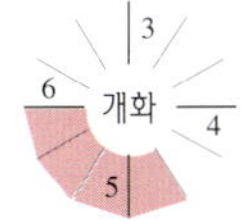

1999. 4. 28. 경상북도 울릉도

105. 개종용 *Lathraea japonica* Miq.

경상북도 울릉도 성인봉의 숲 속에 자라는 여러해살이 기생식물. 엽록소가 없어 흰색을 띠며 전체에 털이 없다. 뿌리줄기는 짧고 갈라지며 넓은 비늘 조각이 어긋나게 많이 붙어 있다. 비늘 조각은 다육질이고 심장형으로 길이 0.5~1.0cm이다. 줄기는 곧추서며 비늘 조각이 드문드문 달리고 높이 10~30cm이다. 꽃은 4월 하순부터 5월 하순에 줄기 끝에 발달하는 길이 5~13cm의 총상 꽃차례로 여러 개가 다닥다닥 달리고 흰색이다. 꽃자루는 짧다. 포는 막질이며 넓은 피침형 또는 좁은 난형으로 길이 3~7mm이다. 꽃받침잎은 길이 5~8mm이며 4갈래로 갈라진다. 화관은 긴 통형으로 길이 1.2~1.5cm이며, 끝 부분은 입술 모양이다. 수술은 4개이다. 열매는 삭과이다.

개화
3
4
5
6

열당과
여러해살이풀
10~30cm
삭과

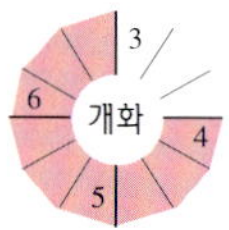

1995. 4. 10. 제주도 한라산

106. 떡쑥 *Gnaphalium affine* D. Don

3
6 개화 4
5

국화과
두해살이풀
15~40cm
수과

　전국의 들에 자라는 두해살이풀. 전체에 흰색 솜털이 많다. 줄기는 곧추서며 밑에서 갈라지고 높이 15~40cm이다. 뿌리에서 난 잎은 꽃이 필 때 시든다. 줄기에 난 잎은 어긋 나며 주걱 모양 또는 피침형으로 길이 2~6cm, 폭 0.4~1.2cm이며 끝이 둥글고 가장자리가 밋밋하다. 꽃은 4월 초순부터 7월 초순에 줄기 끝에 산방 꽃차례로 달리고 녹색이 도는 노란색이거나 흰색이다. 두상화의 중심에 양성화가 피고 주변에 암꽃이 핀다. 총포는 둥근 종형으로 길이 3mm쯤이다. 총포 조각은 3줄로 붙으며 누른빛이 돌고 난형이다. 열매는 수과이다.

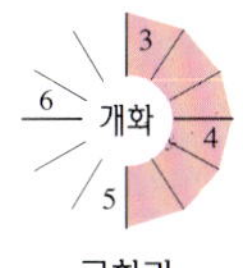

1996. 4. 16. 강원도 설악산

107. 머위 *Petasites japonicus* (Siebold et Zucc.) Maxim.

전국의 산 습기가 있는 곳에 자라거나 집에 심는 여러해살이풀. 높이 10~80cm이다. 땅속줄기가 사방으로 뻗으며 번식한다. 꽃줄기는 곧추서며 평행한 맥이 있는 잎처럼 생긴 크고 긴 포가 어긋나게 달리고 높이 5~50cm이다. 잎은 땅속줄기에서 나는데, 신장상 원형으로 지름 15~30cm이며 잎자루는 길이 60cm쯤이고 가장자리에 불규칙한 톱니가 있다. 꽃은 3월 초순부터 4월 하순에 핀다. 암수딴포기이고 꽃대는 길이 1.0~2.5cm로 꽃줄기 끝에 발달하며 많은 두상화가 산방 꽃차례로 달린다. 총포는 통형으로 길이 6mm쯤, 지름 7~8mm이며 포가 2줄로 붙는다. 암꽃은 흰색, 수꽃은 연한 흰색이며 지름 0.7~1.0cm이다. 양성화는 모두 결실하지 않는다. 열매는 수과이며 원통형이다.

✽ 잎자루를 삶아서 나물로 먹는다.

국화과
여러해살이풀
10~80cm
수과

108. 솜방망이

Senecio integrifolius (L.) Clairv. ssp. *fauriei* (H. Lév. et Vaniot) Kitam.

전국의 산과 들에 자라는 여러해살이풀. 전체에 솜털이 많다. 땅속줄기는 짧다. 줄기는 곧추서며 높이 20~65cm이다. 뿌리에서 난 잎은 여러 장이 모여 나서 옆으로 퍼지며, 타원형으로 길이 5~10cm, 폭 1.5~2.5cm이고 잎자루가 거의 없다. 줄기에 난 잎은 듬성듬성 달리고 위로 갈수록 작은데 밑부분의 것은 피침형으로 길이 7~11cm, 폭 1.0~1.5cm이며 밑이 줄기를 감싼다. 꽃은 4월 초순부터 5월 중순에 두상화 3~9개가 산방 꽃차례로 달리며 노란색이다. 꽃대는 길이 1.5~5.0cm이다. 두상화는 지름 3~4cm이며 가장자리에 설상화가 핀다. 총포는 통형으로 길이 0.8cm, 폭 1.1cm쯤이다. 열매는 수과이며 원통형이다.

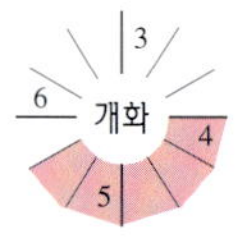

국화과
여러해살이풀
20~65cm
수과

1995. 5. 8. 제주도 한라산

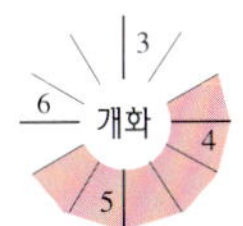

1998. 4. 19. 경상북도 주흘산

109. 흰민들레 *Taraxacum coreanum* Nakai

전국의 산과 들 양지바른 곳에 자라는 여러해살이풀. 줄기는 20~30cm이다. 잎은 뿌리에서 모여 나서 비스듬히 자라고 양면에 털이 난다. 잎몸은 피침형으로 길이 7~25cm, 폭 1.5~ 6.0cm이며, 끝이 뭉툭하고 가장자리는 5~6쌍의 갈래로 깊게 갈라지고 톱니가 있다. 꽃은 3월 하순부터 5월 중순에 꽃줄기 끝에 두상화가 1개씩 달리며 흰색이다. 총포는 연한 녹색으로 꽃이 핀 다음 더 자란다. 총포의 바깥 조각은 위쪽이 뒤로 젖혀지며 돌기와 털이 나고 자줏빛이 돈다. 안쪽 조각은 끝에 자줏빛이 돌며 뿔 같은 돌기가 있거나 또는 없다. 열매는 수과이며 난상 긴 타원형이고 갈색이다.

국화과
여러해살이풀
20~30cm
수과

1996. 5. 10. 경상북도 울릉도

110. 민들레 *Taraxacum mongolicum* Hand.-Mazz.

국화과
여러해살이풀
20~30cm
수과

　전국의 산과 들 양지바른 곳에 자라는 여러해살이풀. 줄기는 없다. 잎은 뿌리에서 나와 옆으로 퍼지며, 피침형으로 길이 20~30cm, 폭 2.5~5.0cm이고 털이 조금 있다. 잎몸은 깊게 갈라지고 갈래는 6~8쌍이며 가장자리에 톱니가 있다. 꽃은 3월 하순부터 5월 중순에 잎과 같은 길이의 꽃줄기 끝에 노란색의 두상화가 1개 달린다. 꽃줄기는 처음에 흰색 털로 덮이지만 나중에는 꽃 바로 밑에만 털이 남아 있다. 총포의 바깥 조각은 좁은 난형으로 뿔 모양의 돌기가 있으며, 안쪽 조각은 선상 피침형이고 끝에 자줏빛이 돈다. 열매는 수과이며 긴 타원형으로 갈색이다.

　❋ 서울 등 도시에서 흔히 볼 수 있는 서양민들레(*T. officinale* Weber)는 유럽 원산의 귀화식물이며, 번식력과 적응력이 강해 민들레의 생육을 불가능하게 하고 있다. 서양민들레는 꽃 아래에 있는 총포의 바깥 조각이 뒤로 젖혀져서 쉽게 구분된다.

1989. 5. 6. 경상북도 소백산

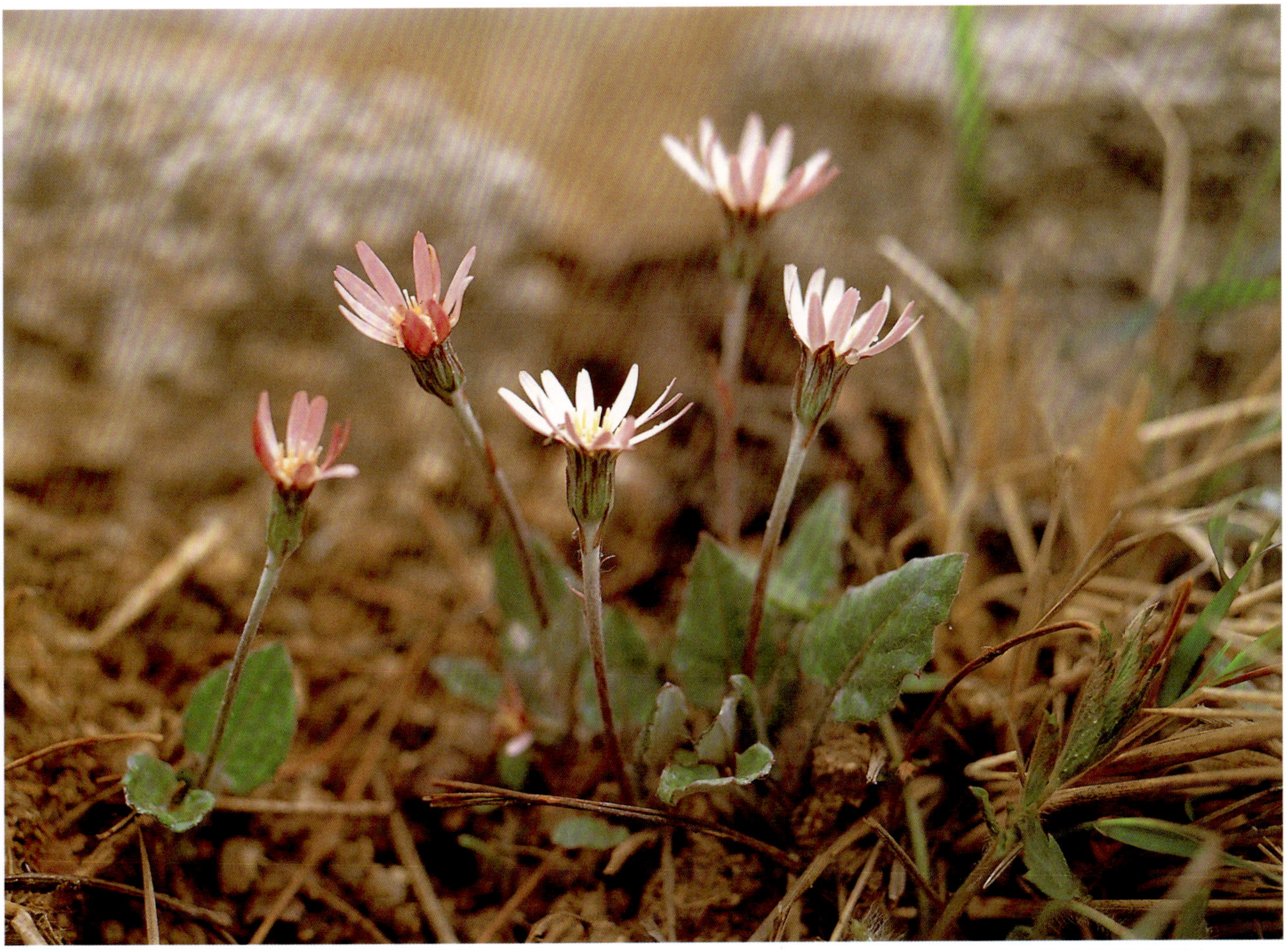

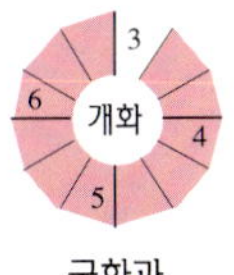

111. 솜나물 *Leibnitzia anandria* (L.) Nakai

전국의 산과 들 양지바른 곳에 자라는 여러해살이풀. 높이 10~60cm이다. 뿌리줄기는 짧다. 꽃줄기는 곧추서며 거미줄 같은 털로 덮이고 높이 10~20cm이다. 뿌리에서 난 잎은 넓은 피침형으로 길이 5~15cm, 폭 1.5~4.5cm이며 앞면은 진한 녹색, 뒷면은 거미줄 같은 털에 싸인다. 꽃은 3월 중순부터 9월 하순에 꽃줄기 끝에 두상화가 1개 달리는데 흰색이고 가장자리가 홍자색인 것도 있으며 지름 1.5cm쯤이다. 총포는 통형으로 길이 1.0cm쯤이고 포는 넓은 선형이며 3줄로 붙는다. 설상화는 꽃차례 가장자리에 1줄로 배열되며, 화관의 끝이 2갈래로 갈라지고 바깥쪽 겉에 자줏빛이 돈다. 열매는 수과이며 방추형이다.

✲ 가을에 꽃이 피는 것은 잎이 크고 꽃줄기가 높이 60cm에 이른다.

국화과
여러해살이풀
10~60cm
수과

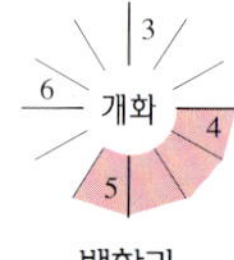

1986. 4. 10. 서울특별시 북한산

112. 처녀치마 *Heloniopsis orientalis* (Thunb.) Tanaka

백합과
여러해살이풀
10~40cm
삭과

전국의 높은 산 계곡 주변이나 높은 능선에 자라는 여러해살이풀. 땅속줄기는 짧고 수염뿌리가 많다. 잎은 뿌리에서 10여 장이 모여 나서 땅 위에 방석처럼 퍼지는데, 도피침형으로 길이 5~18cm이며 끝이 뾰족하고 털이 없다. 몇몇 잎은 겨울에도 죽지 않고 남아 있다. 꽃줄기는 잎 가운데에서 나와 곧추서며, 꽃이 필 때에는 높이 10~17cm이지만 꽃이 진 다음에 더 자라서 높이 30~40cm에 이른다. 꽃은 4월 초순부터 5월 초순에 꽃자루가 짧은 총상 꽃차례로 10여 개가 달리는데 처음에는 연한 붉은색이나 차츰 진한 보라색으로 변한다. 화피는 6장으로 도피침형이다. 수술은 6개로 화피보다 길다. 암술대는 수술보다 길고 암술머리에 3개의 돌기가 있다. 열매는 삭과이며, 익으면 3갈래로 갈라진다.

❋ 꽃이 흰 것을 흰처녀치마(*H. orientalis* var. *flavida* (Nakai) Ohwi)라고 하는데 드물다.

흰처녀치마 1997. 4. 29. 전라북도 덕유산

113. 윤판나물아재비

Disporum sessile D. Don

경상북도 울릉도와 제주도의
숲 속에 자라는 여러해살이풀.
땅속줄기는 가늘고 길다. 줄기
는 곧추서며 위에서 가지가 갈
라지고 높이 30~60cm이다. 잎
몸은 긴 타원형으로 길이 5~
15cm, 폭 1.5~4.0cm이다. 꽃은
5월 초순부터 6월 초순에 가지
끝에 1~3개가 밑을 향해 달리
며, 흰색이지만 끝 부분은 녹색
을 띠고 길이 2~3cm이다. 꽃
자루는 길이 1.5~3.0cm이다.
화피의 안쪽과 아래쪽 가장자
리에 짧고 부드러운 털이 난다.
수술대는 털이 없고 길이 2cm
쯤이다. 꽃밥은 선형으로 길이
5~6mm이다. 암술대는 길이
1.5cm쯤이고 3갈래로 갈라진다.
열매는 장과이며, 푸른빛이 도
는 검은색으로 익고 지름 1cm
쯤이다.

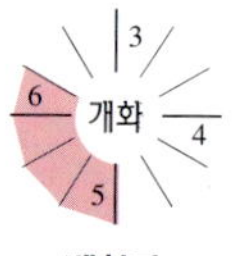

백합과
여러해살이풀
30~60cm
장과

열매 1999. 9. 1. 경상북도 울릉도

1996. 5. 10. 경상북도 울릉도

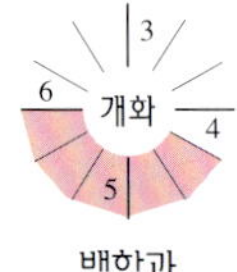

1997. 4. 24. 전라남도 백암산

열매
1996. 10. 13. 전라남도 백암산

114. 윤판나물 *Disporum sessile* D. Don ssp. *flavens* Kitag.

3
6 개화 4
5

백합과
여러해살이풀
30~50cm
장과

중부 이남의 산과 들에 자라는 여러해살이풀. 땅속줄기는 짧다. 줄기는 곧추서며 위에서 가지가 갈라지고 높이 30~50cm이다. 잎은 어긋 나며 잎자루는 거의 없고 긴 난형 또는 긴 타원형으로 길이 5~18cm, 폭 3~6cm이다. 잎 끝은 뾰족하고 밑은 둥글며 가장자리에 톱니가 없다. 꽃은 4월 중순부터 5월 하순에 가지 끝에 2~3개가 밑을 향해 달리며, 노란색이고 길이 2.0~2.5cm이다. 화피는 6장으로 주걱 모양이며 모여서 통형을 이룬다. 수술은 6개, 암술은 1개이다. 열매는 장과이며, 검은색으로 익고 지름 1cm쯤이다.

❋ 기본종인 '윤판나물아재비'에 비해 널리 분포하며 꽃은 노란색이다.

115. 금강애기나리

Streptopus ovalis (Ohwi) F. T. Wang et Y. C. Tang

전국의 높은 산 고지대에 자라는 한국 특산의 여러해살이풀. 줄기는 가지가 갈라지고 위쪽이 조금 옆을 향하며 높이 10~30cm이다. 잎은 어긋 나며 잎자루가 없고 밑부분이 줄기를 감싼다. 잎몸은 난형 또는 긴 타원형으로 길이 5~6cm, 폭 2.0~3.5cm이며 가장자리에 잔돌기가 있다. 꽃은 5월 초순부터 6월 중순에 줄기 끝의 잎겨드랑이에 보통 1~2개씩 피지만 3~4개가 피는 경우도 있으며 흰색이 도는 연한 노란색이다. 꽃자루는 털이 없고 길이 2cm쯤이다. 화피는 6장으로 끝이 매우 뾰족하며 뒤로 젖혀지고 자주색 반점이 있지만 없는 경우도 있다. 수술은 6개로 화피보다 짧다. 열매는 장과이며 둥글고 붉은색으로 익는다.

✳ 일본의 식물학자 Ohwi는 애기나리속(*Disporum*)에 포함시켰으나 열매의 색, 꽃의 모양 등의 특징으로 죽대아재비속(*Streptopus*)에 포함시킨다.

백합과
여러해살이풀
10~30cm
장과

1997. 5. 12. 강원도 점봉산

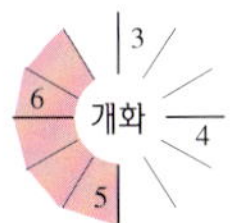

열매 1995. 10. 3. 전라북도 덕유산

1995. 5. 26. 백두산

116. 패모 *Fritillaria ussuriensis* Maxim.

백합과
여러해살이풀
40~80cm
삭과

　북부 지방의 산 숲 속에 자라는 여러해살이풀. 비늘줄기는 지름 1cm쯤이며 2쪽이 모여서 둥근 모양을 이루고, 아래쪽에 작은 비늘줄기가 많이 달린다. 줄기는 곧추서고 아래쪽은 보라색을 띠며 높이 40~80cm이다. 잎은 아래쪽에서는 3~4장씩 돌려 나고 위쪽에서는 마주 나거나 어긋 난다. 잎몸은 길이 8~13cm, 폭 3~5mm이다. 위쪽의 잎은 끝이 덩굴손으로 되어 다른 식물을 감는다. 꽃은 5월에 줄기 끝의 잎겨드랑이에 1~2개가 아래를 향해 달리며 자주색이고 길이 3cm, 지름 2.5cm쯤이다. 화피는 6장으로 주걱 모양이다. 수술은 6개이고, 암술대는 3갈래로 갈라진다. 열매는 삭과이며, 납작한 6개의 조각이 기둥 모양으로 된다.

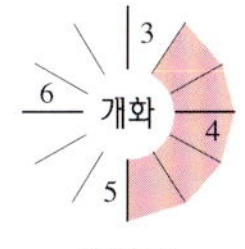

1995. 3. 20. 제주도 한라산

117. 애기중의무릇 *Gagea japonica* Pascher

중부 이남의 산과 들에 자라는 여러해살이풀. 비늘줄기는 난형으로 지름 1cm쯤이며 겉은 어두운 갈색이다. 줄기는 높이 10~15cm이다. 잎은 뿌리에서 1장씩 나며 선형으로 길이 10~20cm, 폭 2mm쯤이다. 꽃은 3월 중순부터 4월 하순에 줄기 끝의 포엽 사이에 2~5개가 산형 꽃차례로 달리며 노란색이다. 2개의 포엽은 크기가 다른데 위쪽의 것은 길이 0.7~1.5cm, 아래쪽의 것은 길이 2~3cm이다. 꽃자루는 길이 1.0~2.5cm이다. 화피는 6장이며 긴 타원형으로 길이 7~9mm이고 바깥쪽이 연둣빛이다. 수술은 6개이며 화피의 밑부분에 붙는다. 열매는 삭과이며 둥글고 지름 5mm쯤이다.

백합과
여러해살이풀
10~15cm
삭과

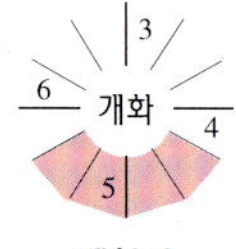

1993. 5. 18. 강원도 설악산

118. 얼레지 *Erythronium japonicum* Decne.

백합과
여러해살이풀
약 15cm
삭과

　제주도를 제외한 전국의 산 속 비옥한 땅에 자라는 여러해살이풀. 뿌리줄기는 길이 20cm 이상으로 길고 그 밑에 비늘줄기가 달리는데, 긴 난형으로 길이 5~6cm, 지름 1cm쯤이고 흰색이다. 잎은 꽃줄기 밑에 보통 2장이 달리며 잎자루가 길다. 잎몸은 긴 타원형 또는 좁은 난형으로 길이 6~12cm, 폭 2.5~5.0cm이고 가장자리가 밋밋하며, 앞면에 자주색 반점이 보통 있지만 없는 경우도 있다. 꽃은 4월 중순부터 5월 중순에 높이 15cm쯤 되는 꽃줄기 끝에 1개씩 밑을 향하여 달리며 붉은 보라색이다. 화피는 6장으로 길이 5~6cm, 폭 0.5~1.0cm이고 끝이 뒤로 꺾여 올라가며 안쪽 밑부분에 자주색 무늬가 W자 모양으로 있다. 수술은 6개, 꽃밥은 자주색이다. 열매는 삭과이며 3개의 능선이 있다.

　✽ 남부 지방에서는 조금 드문데, 주로 높은 산에 자란다. 잎을 묵나물로 먹기 때문에 자생지, 특히 군락지 훼손이 심하다. 흰색 꽃이 피는 것을 흰얼레지(*E. japonicum* for. *album* T. Lee)로 나누기도 하는데 얼레지와 섞여 자라며 드물다.

흰얼레지 1996. 5. 7. 강원도 설악산

꽃봉오리 1996. 5. 6. 강원도 설악산

1997. 4. 27. 경기도 축령산

1980. 4. 7. 제주도 한라산

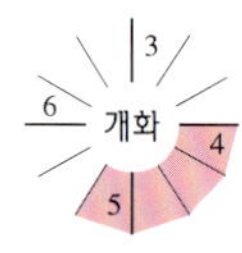

119. 산자고　*Tulipa edulis* (Miq.) Baker

전국의 산 저지대에 자라는 여러해살이풀. 비늘줄기는 넓은 난형으로 길이 3~4cm이고 겉은 어두운 갈색이다. 줄기는 높이 15~30cm이다. 잎은 줄기 아래쪽에 2장이 달리며 흰빛이 도는 녹색이고 길이 15~25cm, 폭 0.5~1.0cm이다. 포엽은 2~3장이며 길이 2~3cm이다. 꽃은 4월 초순부터 5월 초순에 줄기 끝에 1개씩 위를 향해 달리며 넓은 종형으로 길이 2.0~2.5cm이다. 꽃자루는 길이 2~4cm이다. 화피는 6장으로 끝이 뾰족한 피침형이고 흰색이며 겉에 진한 자주색 줄이 있다. 수술은 6개이다. 암술은 1개이고, 암술대는 길이 4~5mm이다. 열매는 삭과이며 세모진다.

백합과
여러해살이풀
15~30cm
삭과

120. 은방울꽃

Convallaria keiskei Miq.

제주도를 제외한 전국의 산에 무리를 지어 자라는 여러해살이풀. 땅속줄기는 옆으로 뻗고 수염뿌리가 많다. 잎은 2~3장이 밑부분에서 나고 긴 타원형 또는 넓은 타원형으로 길이 12~18cm, 폭 3~7cm이며 끝이 뾰족하다. 잎 앞면은 진한 녹색, 뒷면은 흰빛이 도는 녹색이다. 꽃은 4월 중순부터 6월 초순에 높이 25~35cm의 꽃줄기 위쪽에 10여 개가 총상 꽃차례로 달리며, 흰색이고 종형으로 지름 5mm쯤이다. 포는 선형이다. 꽃자루는 길이 0.6~1.2cm이다. 화관은 끝이 6갈래로 갈라지는데 뒤로 조금 말린다. 수술은 6개로 화관 밑부분에 붙는다. 열매는 장과이며, 지름 6mm쯤으로 둥글고 붉은색으로 익는다.

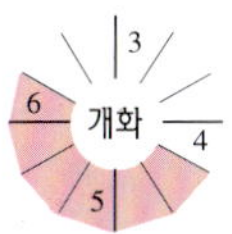

백합과
여러해살이풀
25~35cm
장과

1996. 5. 25. 강원도 설악산

121. 나도옥잠화

Clintonia udensis Trautv. et
C. A. Mey.

전국의 높은 산 숲 속에 자라는 여러해살이풀. 땅속줄기는 짧고 수염뿌리가 있다. 잎은 뿌리에서 2~5장이 모여 나는데 긴 난형으로 끝이 뾰족하고 가장자리가 밋밋하며, 연하다. 꽃줄기는 털이 있고 드물게 가지가 갈라지며 높이 20~70cm이다. 꽃은 5월 하순부터 7월 초순에 꽃줄기 위쪽에 총상 꽃차례로 달리며 흰색이다. 꽃차례에 넓은 선형의 포엽이 있으나 일찍 떨어진다. 꽃차례는 길이 1~4cm이지만 꽃이 진 다음 더 길게 자란다. 화피는 6장이며 긴 타원형으로 길이 1.2~1.5cm이다. 수술은 6개, 암술은 1개이다. 열매는 장과이며, 지름 1cm쯤으로 둥글고 진한 남색으로 익는다. 씨는 갈색이다.

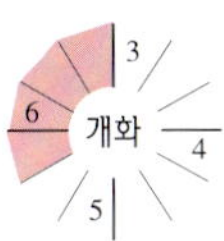

백합과
여러해살이풀
20~70cm
장과

1988. 5. 24. 제주도 한라산

122. 지장보살(풀솜대)

Smilacina japonica A. Gray

전국의 산 숲 속에 자라는 여러해살이풀. 땅속줄기는 통통하며 길고 옆으로 뻗는다. 줄기는 곧추서거나 위에서 비스듬히 기울어지고, 위로 갈수록 털이 많으며 높이 20~40cm이다. 잎은 5~7장이 어긋 나며 2줄로 달리고 잎자루가 짧다. 잎몸은 긴 타원형으로 길이 6~15cm, 폭 3~5cm이며 끝이 뾰족하고 양면에 털이 난다. 꽃은 4월 하순부터 6월 초순에 줄기 끝에 겹총상 꽃차례로 많이 달리며 작고 흰색이다. 꽃차례에 털이 많다. 꽃자루는 길이 2~5mm이다. 화피는 6장이며 타원형으로 길이 5mm쯤이다. 수술은 6개이며 암술은 1개이다. 열매는 장과이며 둥글고 붉은색으로 익는다.

✳ 지리산 지역의 지방명을 따서 '지장보살'이라고 하며, 어린잎과 줄기를 나물로 먹는다.

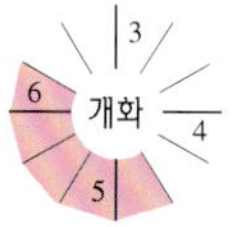

백합과
여러해살이풀
20~40cm
장과

열매 1997. 9. 23. 경상북도 대미산

1995. 5. 31. 강원도 가리왕산

1994. 6. 4. 전라남도 지리산

123. 두루미꽃　*Maianthemum bifolium* (L.) F. W. Schmidt

　전국의 높은 산 고지대에 자라는 여러해살이풀. 뿌리줄기는 옆으로 뻗고 흰색이다. 줄기는 곧추서며 높이 8~15cm이다. 잎은 어긋 나며 줄기 가운데 부분에 2~3장이 달리고 잎자루가 있다. 잎몸은 심장형으로 길이 2~5cm, 폭 1.5~4.0cm이며 끝이 뾰족하다. 잎 가장자리와 뒷면 맥 위에 털 같은 짧은 돌기가 난다. 꽃은 5월 하순부터 6월 하순에 20여 개가 줄기 끝에 총상 꽃차례로 달리며 작고 흰색이다. 꽃차례는 겉에 털 같은 돌기가 나며 길이 2~3cm이다. 꽃자루는 길이 3~8mm이다. 화피는 4장이며 위쪽이 뒤로 말린다. 수술은 4개이다. 암술머리는 2갈래로 얕게 갈라진다. 열매는 장과이며 둥글고 붉은색으로 익는다.

　✳ 잎의 뒷면과 가장자리, 꽃차례에 털 같은 짧은 돌기가 나고 식물체의 높이가 15cm 이하로 작아 큰두루미꽃〔*M. dilatatum* (Wood) A. Nelson et J. F. Macbr.〕과 구분된다.

백합과
여러해살이풀
8~15cm
장과

124. 큰두루미꽃

Maianthemum dilatatum
(Wood) A. Nelson et J. F.
Macbr.

경상북도 울릉도와 북부 지방의 높은 산에 자라는 여러해살이풀. 뿌리줄기는 가늘고 길게 옆으로 뻗으며 흰색이다. 줄기는 곧추서고 털이 없으며 높이 15~30cm이다. 잎은 어긋나며 줄기에 2~3장이 달린다. 잎몸은 심장형으로 길이 3~10cm, 폭 2.5~8.0cm이고 가장자리에 반원형의 돌기가 있다. 꽃은 5월에 10여 개가 줄기 끝에 총상 꽃차례로 달리며 작고 흰색이다. 꽃자루는 길이 3~7mm이다. 화피는 4장이며 뒤로 젖혀진다. 수술은 4개이며 화피보다 짧다. 암술머리는 3갈래로 얕게 갈라진다. 열매는 장과이며 지름 5~7mm로 둥글고 붉은색으로 익는다.

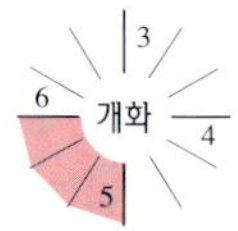

백합과
여러해살이풀
15~30cm
장과

1996. 5. 10. 경상북도 울릉도

1999. 8. 31. 경상북도 울릉도

125. 각시둥굴레

Polygonatum humile Fisch. ex Maxim.

전국의 산과 들에 자라는 여러해살이풀. 뿌리줄기는 가늘고 길게 옆으로 뻗는다. 줄기는 곧추서고 겉에 능선이 있으며 높이 15~30cm이다. 잎은 어긋나고 2줄로 달리며 잎자루가 없다. 잎몸은 긴 타원형으로 길이 4~7cm, 폭 1.5~3.0cm이며 가장자리와 뒷면 맥 위에 돌기 같은 털이 난다. 꽃은 5월 초순부터 7월 초순에 잎겨드랑이에서 난 꽃자루에 1개씩 밑을 향해 달리며 종형으로 길이 1.5~1.8cm이고 연둣빛을 띤 흰색이다. 꽃자루는 길이 0.7~1.5cm이다. 화관은 끝이 6갈래로 얕게 갈라진다. 수술은 6개인데 수술대에 잔돌기가 조금 있고, 꽃밥은 삼각상 피침형으로 수술대보다 조금 짧다. 열매는 장과이며 둥글고 검은색으로 익는다.

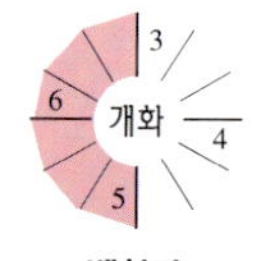

개화
3
4
5
6

백합과
여러해살이풀
15~30cm
장과

1996. 6. 30. 백두산

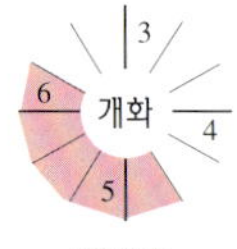

1995. 5. 31. 강원도 가리왕산

126. 둥굴레 *Polygonatum odoratum* (Mill.) Druce var. *pluriflorum* (Miq.) Ohwi

백합과
여러해살이풀
30~60cm
장과

　전국의 산과 들에 자라는 여러해살이풀. 뿌리줄기는 길게 옆으로 뻗으며 가는 수염뿌리가 있다. 줄기는 위쪽이 조금 옆으로 기울고 겉에 능선이 6줄 있으며 높이 30~60cm이다. 잎은 어긋 나고 한쪽으로 치우쳐 퍼지며 잎자루가 없거나 매우 짧다. 잎몸은 긴 타원형으로 길이 5~10cm, 폭 2~5cm이며 앞면은 녹색, 뒷면은 흰빛이 돈다. 꽃은 4월 하순부터 6월 초순에 줄기 위쪽의 잎겨드랑이에서 난 1개 또는 2개로 갈라진 꽃자루 끝에 밑을 향해 달리며 흰색이고 끝 부분은 연한 녹색이다. 화관은 종형으로 길이 1.5~2.0cm이며 끝이 6갈래로 갈라진다. 수술은 6개이며, 꽃밥은 수술대와 길이가 거의 같다. 열매는 장과이며 둥글고 검은색으로 익는다.

＊ 근래에 뿌리줄기를 둥굴레차의 원료로 사용하기 시작하면서 수난을 당하는 식물이다.

1996. 6. 6. 강원도 설악산

127. 삿갓나물 *Paris verticillata* M. Bieb.

전국의 산에 자라는 여러해살이풀. 뿌리줄기는 옆으로 길게 뻗는다. 줄기는 곧추서며 높이 20~40cm이다. 잎은 줄기 끝에 6~8장이 돌려 나며 잎자루가 거의 없다. 잎몸은 피침형으로 길이 7~12cm, 폭 1~4cm이며 끝이 뾰족하고 가장자리가 밋밋하다. 꽃은 4월 하순부터 6월 중순에 잎 가운데에서 난 길이 5~15cm의 꽃줄기 끝에 1개씩 위를 향해 달리며 연한 노란빛이 도는 녹색이다. 외화피는 4장으로 꽃받침이나 꽃잎처럼 보이며 녹색이고 길이 2~4cm, 폭 0.5~1.5cm이다. 내화피는 4장으로 실처럼 가늘며 노란색이고 길이 1.5~2.0cm인데 나중에 밑으로 처진다. 수술은 보통 8개이며 내화피보다 조금 길다. 꽃밥은 수술대의 가운데 부분에 붙으며 선형으로 길이 5~8mm이다. 암술대는 4개이다. 열매는 장과이며 둥글고 검은빛이 도는 보라색으로 익는다.

백합과
여러해살이풀
20~40cm
장과

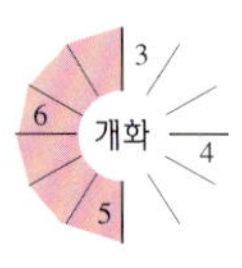

1995. 5. 23. 강원도 설악산

128. 연령초 *Trillium kamtschaticum* Pall.

중부 이북의 높은 산 숲 속에 자라는 여러해살이풀. 뿌리줄기는 굵고 짧다. 줄기는 곧추서며 1~3대(보통 2대)가 모여 나고 높이 20~40cm이다. 잎은 3장이며 줄기 끝에 돌려 나고 잎자루가 없다. 잎몸은 넓은 난형으로 길이와 폭이 각각 7~15cm이며 끝이 뾰족하고 가장자리가 밋밋하다. 꽃은 5월 초순부터 6월 하순에 돌려 난 잎 가운데에서 난 1개의 꽃자루 끝에 1개씩 달리며 흰색이다. 꽃받침잎은 3장이며 녹색이고 길이 2.5~4.0cm이다. 꽃잎은 3장이며 난형 또는 타원형으로 길이 2.5~4.5cm이고 끝이 둔하다. 수술은 6개이다. 꽃밥은 수술대보다 길며 길이 1.0~1.5cm이다. 암술대는 3갈래로 갈라진다. 열매는 장과이며 둥글다.

✻ 우리말 이름은 *T. smallii* Maxim.의 일본 이름 '延齡草'에서 유래했다.

개화
3 4 5 6

백합과
여러해살이풀
20~40cm
장과

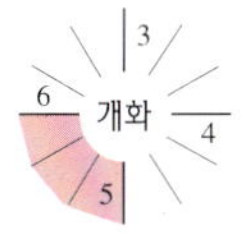

1996. 5. 10. 경상북도 울릉도

129. 큰연령초 *Trillium tschonoskii* Maxim.

경상북도 울릉도와 북부 지방의 높은 산 숲 속에 자라는 여러해살이풀. 줄기는 곧추서며 높이 30cm쯤이다. 잎은 줄기 위쪽에 3장이 돌려 나며 3~5맥과 그물맥이 있고 길이와 폭이 각각 7~17cm이다. 꽃은 5월에 돌려 난 잎 가운데에서 난 꽃자루에 1개씩 달린다. 꽃받침잎은 3장이며 넓은 피침형 또는 좁은 난형으로 길이 2.0~2.5cm이고 녹색이다. 꽃잎은 3장으로 난형이며 꽃받침잎보다 조금 길고, 흰색 또는 연한 자주색이다. 꽃밥은 길이 4~8mm, 수술대는 길이 3~8mm이다. 열매는 장과이며 지름 1.5cm쯤이다.

✽ 꽃밥의 길이가 수술대의 길이와 같거나 조금 길어서, 그 길이가 2배 이상인 연령초와 구분된다. 꽃잎이 연한 자주색인 것을 품종(*T. tschonoskii* for. *volaceum* Makino)으로 구분하기도 하는데, 이것은 울릉도에도 자란다. 환경부가 보호 야생식물 8호로 지정해 보호하고 있다.

백합과
여러해살이풀
약 30cm
장과

130. 선밀나물

Smilax nipponica Miq.

전국의 산과 들에 자라는 여러해살이풀. 줄기는 곧추서며 높이 100cm에 이른다. 잎은 어긋 나며 잎자루는 길이 1~4cm이다. 잎몸은 긴 타원형으로 길이 5~15cm이며 끝이 뾰족하고 가장자리가 밋밋하다. 잎 뒷면은 연한 녹색이며 그물 모양의 무늬가 있다. 잎자루 밑에 있는 2장의 턱잎은 덩굴손으로 된다. 꽃은 암수딴포기이며 5월 중순부터 6월 하순에 줄기 밑부분의 잎겨드랑이에 산형 꽃차례로 달리고 녹색이다. 수꽃의 화피는 수평으로 퍼지며 길이 4mm쯤이다. 수술은 화피보다 짧다. 암꽃의 화피는 배 모양이다. 열매는 장과이며 둥글고 검은색으로 익으며 흰색 가루로 덮인다.

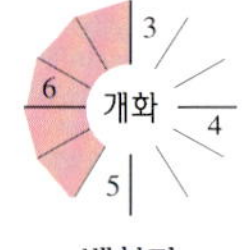

백합과
여러해살이풀
약 100cm
장과

1997. 6. 1. 강원도 태백산

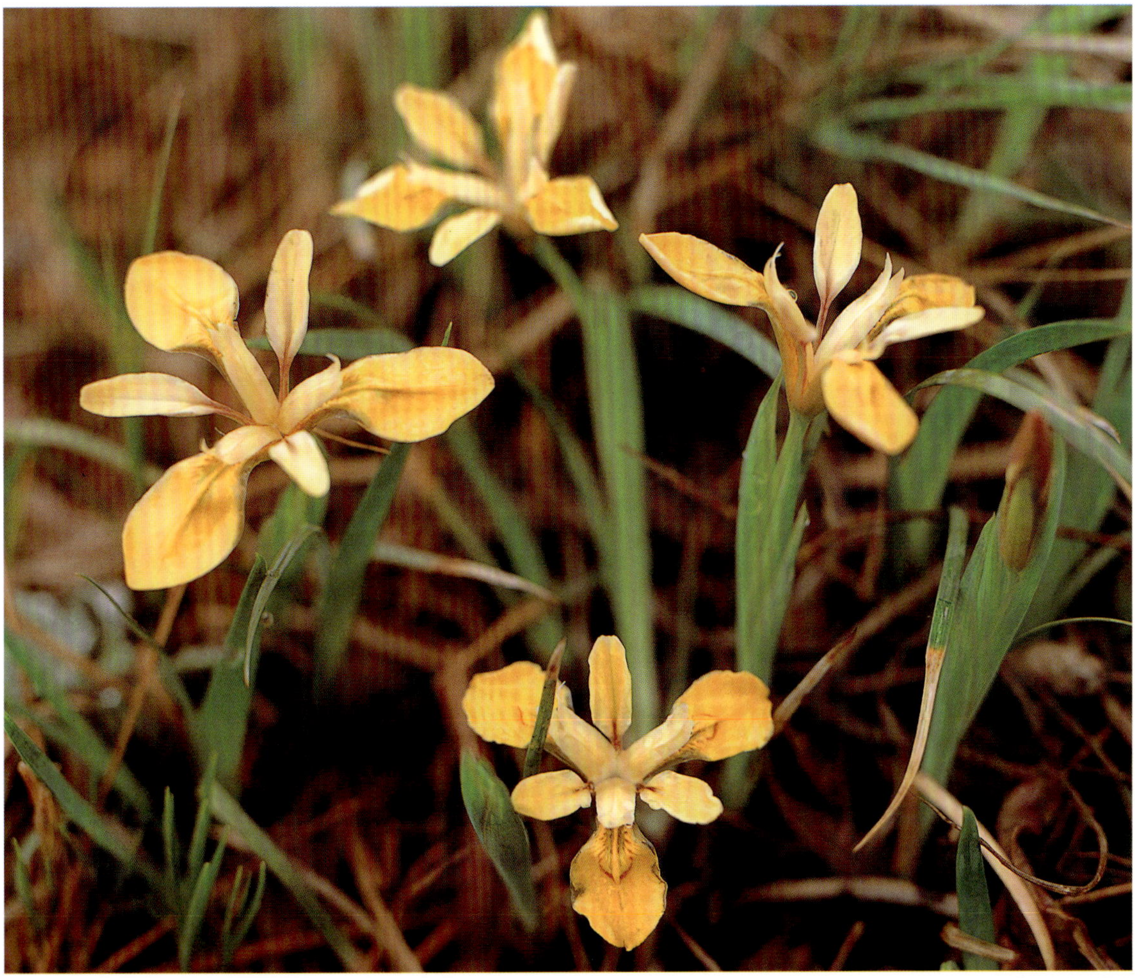

1986. 4. 21. 서울특별시 북한산

131. 금붓꽃 *Iris minutoaurea* Makino

제주도를 제외한 중부 이남의 산에 자라는 여러해살이풀. 땅속줄기는 가늘며 옆으로 뻗는다. 줄기는 여러 대가 모여 나며 높이 20cm쯤이다. 잎은 3~4장이고 창 모양이며 밑부분에서 줄기를 감싸며, 꽃이 필 때에는 길이 13~20cm, 폭 3~8mm이지만 꽃이 핀 다음에 더 자란다. 꽃줄기에 달린 잎은 짧으며 맥이 있다. 꽃은 4월에 높이 10~13cm의 꽃줄기 끝에 1개씩 달리고 노란색이며 지름 2.0~3.8cm이다. 포는 2장이며 선상 피침형으로 길이 5.3~8.0cm이다. 외화피는 주걱 모양으로 길이 2.0~2.7cm쯤이고 옆으로 퍼지며, 내화피는 곧추서며 길이 1.5~2.3cm쯤이다. 열매는 삭과이며 둥글다.

붓꽃과
여러해살이풀
약 20cm
삭과

✽ 중부 이남에 자라는 한국 특산종이라는 견해와 거의 전국에 나며 만주에도 분포한다는 주장이 있다. 금붓꽃과 비슷하지만 꽃이 2개씩 달리고 포가 3장인 것을 '노랑붓꽃(*Iris koreana* Nakai)'이라 하는데, 경기도와 전라북도 변산반도에 자생하는 특산식물이다.

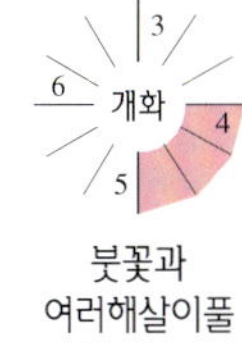

1982. 5. 14. 강원도 태백산

1982. 5. 7. 강원도 태백산

132. 노랑무늬붓꽃 *Iris odaesanensis* Y. Lee

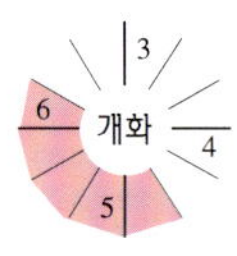

붓꽃과
여러해살이풀
약 20cm
삭과

　강원도의 가리왕산·금대봉·대관령·오대산·태백산, 경상북도의 소백산·주왕산·팔공산 등지에 자라는 한국 특산의 여러해살이풀. 땅속줄기는 가늘다. 줄기는 곧추서며 높이 20cm쯤이다. 잎은 칼 모양으로 길이 12~35cm, 폭 1.2cm쯤이며 10~12맥이 있다. 꽃은 4월 하순부터 6월 초순에 꽃줄기에 2개씩 달리며 지름 3.5cm쯤이다. 외화피는 흰색 바탕의 안쪽에 노란색 줄무늬가 있고, 내화피는 희며 비스듬히 선다. 수술은 3개이고 꽃밥은 분홍빛을 띤 녹색이다. 암술대는 끝이 3갈래로 갈라지며 혀 모양이다. 열매는 삭과이며 삼각형이다.

❋ 환경부가 1998년부터 보호 야생식물 10호로 지정해 보호하고 있다.

133. 각시붓꽃 *Iris rossii* Baker

전국의 산에 자라는 여러해살이풀. 뿌리줄기와 수염뿌리가 발달한다. 줄기는 곧추서고 모여 나며 높이 10~30cm이다. 잎은 칼 모양으로 다 자라면 길이 30cm쯤, 폭 0.2~1.0cm이며 끝이 매우 뾰족하다. 꽃은 4월 초순부터 5월 초순에 높이 5~15cm의 꽃줄기 끝에 1개씩 달리고 보통 보라색이지만 드물게 흰색인 것도 있으며 지름 3.5~4.0cm이다. 포는 2~3장이며 선형으로 길이 4~6cm이다. 외화피는 3장이고 좁은 도란형이며 가운데의 무늬는 변이가 심하다. 내화피 는 3장으로 주걱 모양이며 비스듬히 선다. 암술대는 2갈래로 깊게 갈라진다. 꽃밥은 노란색이 다. 열매는 삭과이며 둥글다.

✳ 솔붓꽃(*I. ruthenica* Ker-Gawl.)과 비슷하지만 포가 꽃 바로 밑에 달리지 않고 1.5배쯤 길며 녹색(솔 붓꽃은 끝이 자주색)이어서 구분된다.

붓꽃과
여러해살이풀
10~30cm
삭과

134. 붓꽃

Iris sanguinea Hornem.

전국의 산과 들에 자라는 여러해살이풀. 뿌리줄기는 길고 수염뿌리가 발달한다. 줄기는 곧추서고 여러 대가 모여 나며 높이 30~60cm이다. 잎은 줄기에 2줄로 붙으며 창 모양으로 길이 30~50cm, 폭 0.5~1.0cm이고 중륵이 뚜렷하지 않다. 꽃은 5월 중순부터 6월 하순에 꽃줄기 끝에 2~3개가 달리며 보통 자주색이지만 드물게 흰색이고 지름 8cm쯤이다. 외화피는 넓은 도란형이며 안쪽에 노란색 바탕에 자주색 줄무늬가 있다. 내화피는 곧추서고 길이 4cm쯤이다. 암술대는 끝이 2갈래로 깊게 갈라진다. 열매는 삭과이며 삼각형이다.

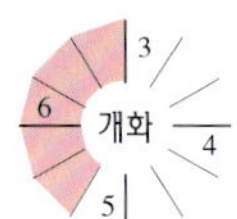

붓꽃과
여러해살이풀
30~60cm
삭과

1997. 6. 6. 강원도 광덕산

1990. 5. 14. 경기도 관악산

1995. 5. 1. 경기도 천마산

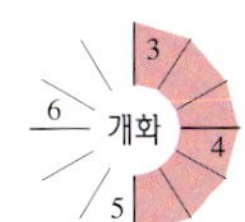

꽃
1996. 4. 18. 경기도 축령산

135. 앉은부채 *Symplocarpus renifolius* Schott ex Miq.

　제주도를 제외한 전국의 산 그늘진 곳에 자라는 여러해살이풀. 높이 40~50cm이다. 땅속줄기에서 긴 끈 모양의 수염뿌리가 난다. 줄기는 없다. 잎은 뿌리에서 여러 장이 나며 잎자루가 길다. 잎몸은 넓은 심장형으로 길이와 폭이 각각 30~40cm이며 가장자리가 밋밋하다. 꽃은 3월 초순부터 4월 하순에 잎보다 먼저 피며 육수 꽃차례로 달린다. 꽃차례의 불염포는 붉은 갈색의 반점이 있고 주머니 모양으로 길이 10~20cm, 지름 5~10cm이다. 꽃은 빽빽이 붙어서 거북의 등 모양이다. 화피는 4장으로 연한 자주색이다. 수술은 4개이며 꽃밥은 노란색이다. 암술은 1개이다. 열매는 장과이며 여름에 익는다.

천남성과
여러해살이풀
40~50cm
장과

136. 천남성

Arisaema amurense Maxim.
var. *serratum* Nakai

전국의 산 숲 속에 흔하게 자라는 여러해살이풀. 구경(球莖)은 조금 납작한 구형으로 지름 2~4cm이고 주위에 작은 구경이 2~3개 달리며, 위쪽에서 수염뿌리가 나와 그 주위에 사방으로 퍼진다. 줄기는 녹색이지만 때로 자주색 반점이 있으며 높이 15~50cm이다. 잎은 줄기에 1장이 달려 5~11갈래로 갈라지며, 갈래는 난상 피침형 또는 긴 타원형으로 길이 10~20cm이고 가장자리에 보통 톱니가 있다. 꽃은 4월 중순부터 6월 초순에 육수 꽃차례로 달린다. 불염포는 녹색이며 통부는 길이 5~8cm이고, 불염포 위쪽은 통부보다 길고 앞으로 구부러지며 긴 타원형이다. 꽃차례의 연장부는 곤봉 모양으로 불염포의 통부보다 길다. 열매는 장과이며 빨간색으로 익고 옥수수알 모양으로 달린다.

개화 3 4 5 6

천남성과
여러해살이풀
15~50cm
장과

1987. 5. 20. 서울특별시 북한산

열매 1993. 10. 5. 전라남도 지리산

1987. 5. 14. 강원도 태백산

137. 두루미천남성 *Arisaema heterophyllum* Blume

전국의 산 숲 속에 자라는 여러해살이풀. 구경(球莖)은 둥근 모양으로 주위에 몇 개의 작은 구경이 달려 있고 위쪽에서 수염뿌리가 난다. 줄기는 높이 50cm쯤이다. 잎은 줄기 위쪽에서 1장이 나며 잎자루가 길고 7~11갈래로 갈라진다. 갈래는 긴 타원형으로 가운데 1장의 갈래가 특히 작고 잎 가장자리에 톱니가 없다. 꽃은 4월 하순부터 5월 하순에 잎보다 길게 나온 육수꽃차례로 달린다. 불염포는 녹색이며 끝 부분이 갑자기 좁아지고 길이가 15~26cm이다. 꽃차례의 연장부는 채찍처럼 길게 자라 불염포 밖으로 나와 곧추선다. 열매는 장과이며 빨간색으로 익어 다닥다닥 붙고 전체가 긴 타원형이다.

천남성과
여러해살이풀
약 50cm
장과

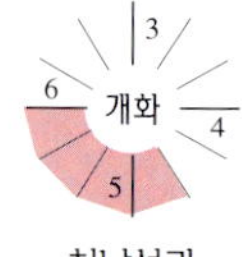

1996. 5. 10. 경상북도 울릉도

138. 섬남성 *Arisaema takesimense* Nakai

경상북도 울릉도에 자라는 한국 특산의 여러해살이풀. 구경(球莖)은 조금 납작한 구형으로 지름 3~5cm이고 위쪽에서 수염뿌리가 나와 사방으로 퍼진다. 줄기는 겉에 붉은 보라색 반점이 있으며 높이 40cm쯤이다. 잎은 줄기에 2장이 달리며 9~11갈래로 갈라지고 잎자루는 길이 3~7cm이다. 갈래는 긴 타원형 또는 타원형이며, 가운데 갈래에는 길이 2~3cm의 작은 잎자루가 있다. 잎 앞면에 얼룩 무늬가 있는 것이 특징이지만 없는 경우도 있다. 꽃은 4월 하순부터 5월 하순에 육수 꽃차례로 달린다. 꽃차례의 연장부는 곤봉 모양이다. 불염포는 진한 자주색 또는 녹색이고 흰색의 세로줄이 있다. 열매는 장과이다.

천남성과
여러해살이풀
40cm
장과

139. 무늬천남성

Arisaema thunbergii Blume ssp. *urashima* (H. Hara) Ohashi et J. Murata

남부 지방의 섬에 자라는 여러해살이풀. 높이 40~70cm이다. 구경(球莖)은 조금 납작한 구형으로 주위에 작은 구경이 달리며 위쪽에서 수염뿌리가 나와 사방으로 퍼진다. 잎은 1장이며 9~17갈래로 갈라지고 잎자루는 길이 30~60cm이다. 갈래는 작은잎처럼 되며 선상 피침형 또는 피침형으로 가운데 갈래는 길이 10~25cm, 폭 1~4cm로 다른 갈래보다 크다. 잎 가장자리에 톱니가 없다. 꽃은 4월 중순부터 5월 중순에 핀다. 꽃줄기는 높이 10~20cm이다. 불염포는 검은빛이 도는 보라색이며 끝 부분이 실처럼 가늘다. 불염포의 통부 위쪽에 흰색의 그물 무늬가 있다. 육수꽃차례의 연장부는 검은빛이 도는 보라색으로 불염포 밖에서 30~50cm 길어져서 채찍처럼 된다. 열매는 장과이다.

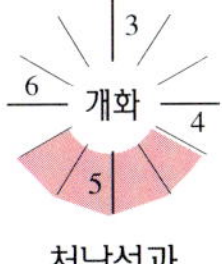

천남성과
여러해살이풀
40~70cm
장과

1991. 4. 29. 경상남도 거문도

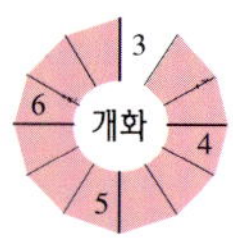

1991. 5. 10. 강원도 정선

140. 반하 *Pinellia ternata* (Thunb.) Breitenb.

천남성과
여러해살이풀
20~40cm
장과

전국의 밭에 자라는 여러해살이풀. 구경(球莖)은 둥글고 지름 1~2cm이다. 잎은 1~2장이며 잎자루는 길이 10~20cm이다. 3장의 작은잎으로 갈라진다. 잎자루 밑부분의 안쪽에 육아(肉芽)가 1개 달린다. 작은잎은 난상 타원형, 긴 타원형, 선상 피침형 등 변이가 심하며 길이 3~12cm, 폭 1~5cm이고 잎자루가 없다. 잎 가장자리는 밋밋하다. 꽃줄기는 구경에서 나오며 가늘고 높이 20~40cm이다. 꽃은 3월 중순부터 8월 중순에 육수 꽃차례로 달리며 노란빛이 도는 흰색이다. 불염포는 녹색이지만 끝이 붉은 보라색을 띠기도 하며 길이 6~7cm인데, 통부는 길이 1.5~2.0cm이다. 꽃차례의 아래쪽에 암꽃이 여러 개 달리며, 그 위에 수꽃이 빽빽이 붙는다. 꽃차례의 연장부는 6~10cm로 길어져 포 밖으로 나와 곧추선다. 수꽃은 수술대가 없이 꽃밥만 있다. 열매는 장과이며 녹색이다.

1996. 6. 8. 강원도 설악산

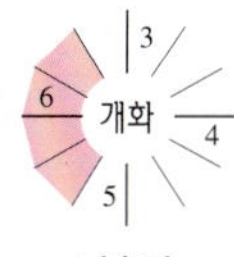

1984. 5. 20. 전라남도 지리산

141. 복주머니란(개불알꽃) *Cypripedium macranthum* Sw.

제주도와 경상북도 울릉도를 제외한 전국의 산에 자라는 여러해살이풀. 뿌리줄기는 짧고 옆으로 뻗으며 뿌리는 조금 굵고 단단하다. 줄기는 곧추서고 털이 있으며 높이 30~50cm이다. 잎은 줄기에 3~5장이 어긋 나며 거친 털이 나고 넓은 난형으로 길이 8~20cm이다. 꽃은 5월 중순부터 6월 중순에 피고 연한 분홍색 또는 붉은 보라색이며, 매우 드물게 흰색도 있다. 위꽃받침잎은 넓은 난형이고, 곁꽃받침잎은 서로 붙어서 끝만 2갈래로 갈라진다. 곁꽃잎 2장은 끝이 뾰족하고 입술꽃잎은 주머니 모양이다. 열매는 삭과이다.

✽ 관상 가치가 높기 때문에 무분별하게 채취되어 멸종 위기를 맞고 있는 대표적인 식물이지만 법적인 보호 장치가 마련되어 있지 않은 실정이다.

난초과
여러해살이풀
30~50cm
삭과

142. 금난초

Cephalanthera   falcata
(Thunb.) Blume

경기도 이남의 산에 자라는
여러해살이풀. 뿌리줄기는 짧고
뿌리는 몇 개가 옆으로 길게
뻗는다. 줄기는 곧추서며 높이
40~70cm이다. 잎은 6~10장이
어긋 나며 세로 주름이 조금
지고 긴 타원형으로 길이 8~
15cm, 폭 2~4cm이다. 잎 밑부
분은 줄기를 감싸고 끝은 뾰족
하며, 양면에 털이 없다. 꽃은
4월 중순부터 6월 중순에 3~
10개가 총상 꽃차례로 달리며
노란색이고 활짝 벌어지지 않
는다. 곁꽃잎은 꽃받침잎보다
조금 짧고, 입술꽃잎은 3갈래로
갈라진다. 열매는 삭과이다.

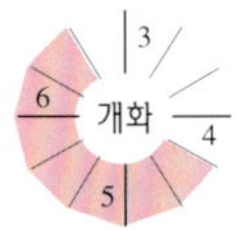

난초과
여러해살이풀
40~70cm
삭과

1985. 5. 7. 경상남도 거제도

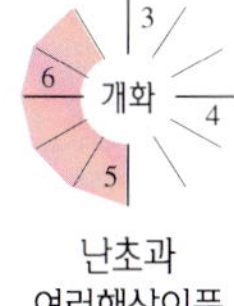

1996. 5. 10. 경상북도 울릉도

143. 주름제비란 *Gymnadenia camtschatica* (Cham.) Miyabe et Kudo

경상북도 울릉도와 북부 지방의 높은 산에 자라는 여러해살이풀. 뿌리는 1개가 굵고, 가로로 뻗은 끈 모양의 거친 것이 몇 개 있다. 줄기는 곧추서며 위쪽에 능선이 있고 높이 50~100cm 이다. 잎은 줄기에서 4~10장이 어긋 나며 밑부분이 줄기를 감싼다. 잎몸은 보통 타원형으로 길이 4~15cm이며 가장자리가 물결 모양으로 주름이 진다. 꽃은 5월 초순부터 6월 중순에 길 이 5~15cm의 총상 꽃차례로 달리며 연한 붉은색 또는 흰색이다. 포는 녹색이며 피침형이다. 꽃받침잎에 맥이 3개 있다. 곁꽃잎은 꽃받침잎보다 짧다. 입술꽃잎은 꽃받침잎보다 길고 끝이 3갈래로 갈라진다. 열매는 삭과이다.

난초과
여러해살이풀
50~100cm
삭과

1996. 5. 25. 강원도 설악산

144. 나도제비란 *Orchis cyclochila* (Franch. et Sav.) Maxim.

난초과
여러해살이풀
10~15cm
삭과

　　전국의 높은 산 숲 속에 드물게 자라는 여러해살이풀. 줄기는 곧추서고 털이 없으며 높이 10~15cm이다. 잎은 보통 1장이 줄기 밑부분에서 나고 밑이 줄기를 감싸며 타원형으로 길이 4~7cm이다. 꽃은 5월 초순부터 6월 하순에 수상 꽃차례로 보통 2개가 달리지만 5개까지 달리기도 하며, 연한 분홍색 또는 드물게 흰색이다. 포는 길이 1.0~2.5cm이다. 꽃받침잎은 넓은 피침형으로 위의 것은 서고 옆의 것은 비스듬히 퍼진다. 곁꽃잎은 피침형으로 꽃받침잎보다 조금 짧다. 입술꽃잎은 넓은 난형이며 끝이 3갈래로 갈라지고 검붉은 보라색 반점이 많다. 거(距)는 끝으로 가면서 가늘어진다. 열매는 삭과이며 타원형이다.

흰꽃 1987. 5. 29. 제주도 한라산

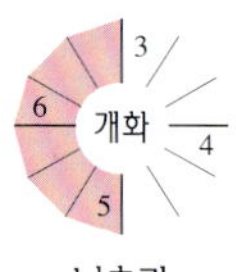

1987. 5. 15. 제주도 한라산

145. 나리난초 *Liparis makinoana* Schltr.

난초과
여러해살이풀
10~35cm
삭과

전국의 산 숲 속에 자라는 여러해살이풀. 위구경(僞球莖)은 난상 구형이고 녹색이며, 보통 땅 위에 나와 마른 엽초로 싸인다. 잎은 지난해의 위구경 옆에서 2장이 어긋 나며 타원형으로 길이 4~12cm, 폭 2.5~7.0cm이고 가장자리가 물결 모양이다. 포는 끝이 뾰족하고 검은빛이 도는 보라색이며 난상 삼각형으로 길이 0.1~0.2cm이다. 꽃줄기는 녹색이며 겉에 모서리가 있고 높이 10~35cm이다. 꽃은 5월 초순부터 6월 하순에 10여 개가 총상 꽃차례로 달리며 진한 자주색이다. 꽃받침잎과 곁꽃잎은 선형이고 입술꽃잎은 둥근 난형으로 넓다. 열매는 삭과이다.

146. 감자난초

Oreorchis patens (Lindl.) Lindl.

제주도를 제외한 전국의 산 숲 속에 자라는 여러해살이풀. 위구경(僞球莖)은 난형이다. 잎은 보통 1~2장이 겨울에도 죽지 않고 나며 피침형으로 길이 20~40cm, 폭 0.7~3.0cm이다. 꽃은 5월 초순부터 6월 하순에 총상 꽃차례로 많이 달리며 노란빛이 도는 갈색이다. 꽃줄기는 높이 30~50cm이다. 꽃받침잎과 꽃잎은 피침형이다. 입술꽃잎은 꽃받침잎과 같은 길이이며, 흰색 바탕에 반점이 있고 3갈래로 갈라진다. 열매는 삭과이며 긴 타원형이다.

✽ 감자난초와 비슷하지만 꽃받침잎과 꽃잎이 노란빛이 도는 진한 갈색이며, 입술꽃잎의 가장자리가 밋밋한 것을 '한라감자난초(*Oreorchis coreana* Finet)'라고 하는데 제주도 특산이다.

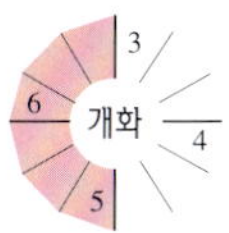

난초과
여러해살이풀
30~50cm
삭과

1996. 5. 25. 강원도 설악산

1998. 4. 1. 경상북도 울릉도

147. 보춘화(춘란) *Cymbidium goeringii* (Rchb. fil.) Rchb. fil.

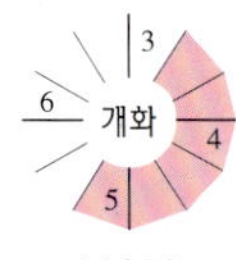

난초과
여러해살이풀
20~30cm
삭과

중부 이남의 산에 자라는 여러해살이풀. 뿌리는 굵고 여러 개가 사방으로 길게 뻗고 흰색이다. 잎은 상록이고 선형으로 밑에서 모여 나고 길이 20~30cm, 폭 0.5~1.0cm이다. 잎 가장자리에 가는 톱니가 있어 만지면 까칠까칠하다. 꽃줄기는 곧추서며 몇 개의 연둣빛이 도는 막질의 엽초에 싸이고 높이 10~25cm이다. 꽃은 3월 중순부터 5월 초순에 줄기 끝에 1개씩 옆을 향해 달리며 녹색이다. 입술꽃잎은 꽃받침잎보다 짧고 흰색이며 진한 붉은 보라색 반점이 있다. 열매는 삭과이다.

❋ 이른봄에 꽃이 피어 봄을 알리는 꽃이라는 데서 '춘란(春蘭)'이라고도 한다. 동해안과 서해안을 따라서 강원도 삼척과 황해도까지 분포하며 내륙으로는 경상북도 문경 부근까지 올라온다.

148. 새우난초

Calanthe discolor Lindl.

남부 지방에 주로 자라지만 서해안을 따라 충청남도 안면도까지 올라와 자라는 여러해살이풀. 잎은 상록이며 2~3장이 달리고 긴 타원형으로 길이 15~20cm, 폭 4~6cm이다. 꽃줄기는 겉에 짧은 털이 나고 높이 30~50cm이다. 꽃은 4월 하순부터 5월 하순에 길이 15cm쯤의 총상 꽃차례로 8~15개가 드문드문 달리며, 붉은색이 도는 갈색이 많지만 녹색을 띠기도 한다. 꽃받침잎과 곁꽃잎은 색이 같고 모양도 비슷하지만 곁꽃잎이 조금 가늘고 작다. 입술꽃잎은 자줏빛이 도는 흰색이며 3갈래로 깊게 갈라지는데, 가운데 갈래는 다시 2갈래로 갈라진다. 거(距)는 길이 0.5~1.0cm이다. 열매는 삭과이다.

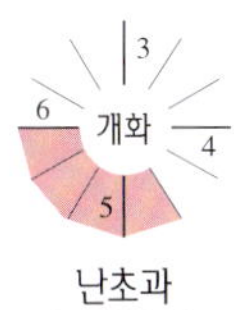

난초과
여러해살이풀
30~50cm
삭과

1985. 5. 7. 경상남도 거제도

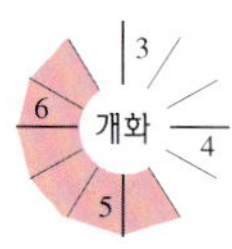

1995. 5. 8. 제주도 한라산

149. 금새우난초 *Calanthe sieboldii* Decne.

난초과
여러해살이풀
약 40cm
삭과

전라남도 해안과 섬, 경상북도 울릉도, 제주도에 자라는 상록의 여러해살이풀. 잎은 밑부분에서 2~3장이 나며 주름이 많고 넓은 타원형으로 길이 20~30cm, 폭 5~10cm이다. 잎자루는 길다. 꽃줄기는 잎이 다 자라기 전에 높이 40cm쯤 되고 1~2장의 비늘잎에 싸인다. 꽃은 4월 하순부터 6월 중순에 총상 꽃차례로 달리고 향기가 조금 나며, 밝은 노란색이다. 꽃받침잎은 타원형이고 곁꽃잎도 모양이 비슷하지만 조금 가늘고 작다. 입술꽃잎은 3갈래로 깊게 갈라지는데, 가운데 갈래는 끝이 조금 오목하다. 열매는 삭과이다.

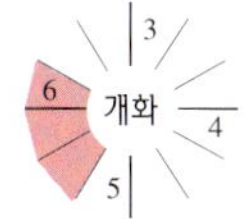

1993. 5. 12. 전라남도 해남

150. 자란 *Bletilla striata* (Thunb.) Rchb. fil.

전라남도 해안과 섬의 낮은 산 풀밭에 드물게 자라는 여러해살이풀. 잎은 5~6장이 밑부분에 어긋나게 달리며 세로로 주름이 지고 긴 타원형 또는 피침형으로 길이 15~30cm, 폭 1~5cm이다. 꽃줄기는 높이 30~70cm로 가늘고 단단하며 자줏빛을 띠기도 한다. 꽃은 5월 중순부터 6월 초순에 3~7개가 총상 꽃차례로 달리며 붉은 보라색 또는 드물게 흰색이다. 꽃받침잎과 곁꽃잎은 좁은 타원형으로 길이 2.5~3.0cm, 폭 6~8mm이다. 입술꽃잎은 쐐기 모양의 난형으로 가장자리가 안으로 굽고, 끝이 3갈래로 갈라진다. 입술꽃잎의 가운데 갈래는 원형이고 가장자리는 물결 모양이다. 암술대는 길이 2cm쯤이다. 열매는 삭과이며 길이 3cm쯤이다.

난초과
여러해살이풀
30~70cm
삭과

봄·여름·가을꽃 3권 공통
우리말 이름 찾아보기

ㄱ

가는오이풀 · 47
가는잎구절초(산구절초) · 130
가는잎향유 · 77
가는장구채 · 21
가락지나물 · 71
가래 · 158
가시여뀌 · 17
가지더부살이 · 124
가지돌꽃 · 53
각시둥굴레 · 152
각시붓꽃 · 161
각시취 · 147
각시투구꽃 · 30
갈고리층층둥굴레(낚시둥굴레) · 155
감국 · 129
감자난초 · 175
개감수 · 79
개구리발톱 · 21
개병풍 · 55
개쑥부쟁이 · 119
개종용 · 127
개회향 · 59
갯개미취 · 116
갯괴불주머니 · 50
갯금불초 · 125
갯길경(갯질경이) · 62
갯까치수염 · 99
갯메꽃 · 109
갯쑥부쟁이 · 120
갯씀바귀 · 155
검은낭아초 · 71
고깔제비꽃 · 90
고려엉겅퀴 · 146
고마리 · 20
고비 · 13
고추나물 · 44

고추냉이 · 58
골등골나물 · 106
곰취 · 140
과꽃 · 109
광대나물 · 122
광대수염 · 121
구름국화 · 133
구름떡쑥 · 136
구름범의귀 · 58
구름병아리난초 · 168
구름송이풀 · 87
구상난풀 · 95
구슬붕이 · 106
구실바위취 · 60
국화방망이 · 137
궁궁이 · 61
귀박쥐나물 · 138
금강애기나리 · 139
금강제비꽃 · 84
금강초롱 · 130
금난초 · 170
금낭화 · 46
금란초(금창초) · 114
금마타리 · 126
금방망이 · 139
금불초 · 124
금붓꽃 · 159
금새우난초 · 178
기린초 · 48
까실쑥부쟁이 · 110
까치고들빼기 · 152
깽깽이풀 · 38
꽃고비 · 108
꽃다지 · 61
꽃창포 · 160
꽃향유 · 80
꽃황새냉이 · 54
꿩의다리 · 33
꿩의바람꽃 · 25

꿩의비름 · 36

ㄴ

나도개미자리 · 19
나도바람꽃 · 19
나도송이풀 · 86
나도수영 · 12
나도양지꽃 · 68
나도옥잠화 · 147
나도제비란 · 172
나도풍란 · 179
나리난초 · 174
나문재 · 25
낚시돌풀 · 106
난장이바위솔 · 43
난쟁이붓꽃 · 161
날개하늘나리 · 153
남산제비꽃 · 85
냉이 · 62
너도바람꽃 · 17
넓은잎구절초(구절초) · 133
넓은잎잠자리란(넓은잎나도잠자리란) · 169
네귀쓴풀 · 104
노란장대 · 46
노랑갈퀴 · 80
노랑매미꽃 · 44
노랑무늬붓꽃 · 160
노랑물봉선 · 54
노랑어리연꽃 · 73
노랑제비꽃 · 87
노루귀 · 30
노루삼 · 15
노루오줌 · 56
녹화죽백란 · 177
누린내풀 · 75
눈개승마 · 64
눈개쑥부쟁이 · 112

눈괴불주머니 · 35
눈빛승마 · 29
는쟁이냉이 · 56

ㄷ

단풍취 · 151
닭의난초 · 166
당개지치 · 112
닻꽃 · 105
댓잎현호색 · 53
더덕 · 101
덩굴개별꽃 · 14
덩굴용담 · 68
도깨비부채 · 54
도둑놈의지팡이(고삼) · 74
도라지 · 103
독미나리 · 91
독활(땅두릅) · 88
돌나물 · 63
돌단풍 · 64
돌마타리 · 125
돌양지꽃 · 73
동의나물 · 22
동자꽃 · 26
두루미꽃 · 149
두루미천남성 · 165
두메담배풀 · 126
두메부추 · 162
두메양귀비 · 45
두메자운 · 76
둥굴레 · 154
둥근바위솔 · 40
둥근이질풀 · 84
둥근잎꿩의비름 · 37
등갈퀴나물 · 79
등대시호 · 90
등대풀 · 77
땅채송화 · 51
떡쑥 · 128
뚜껑별꽃 · 101
뚝갈 · 96

ㅁ

마름 · 56
마타리 · 97
만삼 · 102
만주바람꽃 · 18
만주송이풀 · 124
말나리 · 149
매발톱꽃 · 20
매화노루발 · 100
매화마름 · 35
맥문동 · 157
머위 · 129
멍울풀(큰우산물통이)[신칭] · 16
며느리배꼽 · 19
모데미풀 · 23
모래지치 · 109
모싯대 · 131
뫼제비꽃 · 92
무늬천남성 · 167
문주란 · 158
물달개비 · 167
물레나물 · 43
물매화풀 · 45
물봉선 · 52
물부추 · 13
물여뀌 · 13
미나리냉이 · 57
미나리아재비 · 40
미역취 · 107
미치광이풀 · 123
민눈양지꽃 · 72
민둥뫼제비꽃 · 94
민들레 · 132
민백미꽃 · 107

ㅂ

바늘엉겅퀴 · 145
바람꽃 · 38
바위떡풀 · 44
바위채송화 · 52
박새 · 144
박하 · 81
반하 · 168
방울꽃 · 93

배암차즈기 · 118
배초향 · 83
백부자(노랑돌쩌귀) · 31
백선 · 80
백양꽃 · 164
백작약 · 42
뱀딸기 · 74
버어먼초 · 166
번행초 · 21
벌개미취 · 117
벌깨덩굴 · 116
범꼬리 · 15
변산바람꽃 · 16
별꽃풀 · 70
보춘화(춘란) · 176
보풀 · 156
복수초 · 36
복주머니란(개불알꽃) · 169
봄맞이 · 102
봉래꼬리풀 · 118
분홍노루발 · 93
분홍바늘꽃 · 87
분홍할미꽃 · 28
붉은사철란 · 172
붉은참반디 · 99
붓꽃 · 162
비로용담 · 102
뻐꾹나리 · 159
뻐꾹채 · 140

ㅅ

사마귀풀 · 168
사철란 · 174
산골무꽃 · 119
산괴불주머니 · 52
산국 · 128
산마늘 · 154
산매발톱꽃(하늘매발톱) · 28
산부추 · 163
산비장이 · 148
산솜다리 · 134
산솜방망이 · 135
산오이풀 · 69

산용담 · 64
산일엽초 · 15
산자고 · 144
산톱풀 · 127
삼백초 · 41
삼지구엽초 · 37
삽주 · 150
삿갓나물 · 155
새끼노루귀 · 31
새며느리밥풀 · 91
새우난초 · 177
서울제비꽃 · 93
석송 · 12
석잠풀 · 115
선갈퀴 · 108
선노랑투구꽃(선투구꽃) · 34
선밀나물 · 158
선좁쌀풀(앉은좁쌀풀) · 88
설앵초 · 104
섬갯장대 · 60
섬꼬리풀 · 119
섬남성 · 166
섬노루귀 · 32
섬말나리 · 150
섬바위장대 · 47
섬사철란 · 173
섬쑥부쟁이 · 111
섬잔대 · 132
섬쥐손이 · 50
섬초롱꽃 · 129
섬현삼 · 117
세바람꽃 · 26
세잎꿩의비름 · 38
세잎양지꽃 · 70
속단 · 116
손바닥난초 · 167
솔나리 · 147
솔나물 · 107
솔체꽃 · 127
솜나물 · 133
솜방망이 · 130
송이풀 · 120
송장풀 · 114
쇠뜨기 · 12

수까치깨 · 55
수리취 · 149
수염가래꽃 · 104
수정난풀 · 96
술패랭이꽃 · 23
숫잔대 · 105
실새삼 · 74
쑥부쟁이 · 122

ㅇ

앉은부채 · 163
알록제비꽃 · 95
알며느리밥풀 · 89
암대극 · 78
애기괭이눈 · 66
애기괭이밥 · 75
애기똥풀 · 43
애기며느리밥풀 · 90
애기버어먼초 · 165
애기앉은부채 · 163
애기중의무릇 · 141
애기풀 · 81
애기현호색 · 49
앵초 · 105
야고 · 95
약난초 · 177
양지꽃 · 69
양하 · 171
어리연꽃 · 72
어수리 · 92
얼레지 · 142
엉겅퀴 · 139
여로 · 145
여름새우난초 · 173
연령초 · 156
연복초 · 126
연잎꿩의다리 · 34
연화바위솔(바위연꽃) · 39
염아자(영아자) · 100
오랑캐장구채 · 23
오리나무더부살이 · 122
오이풀 · 46
옥잠난초 · 174

왕갯쑥부쟁이 · 121
왕고들빼기 · 154
왕별꽃 · 20
왕제비꽃 · 97
왜미나리아재비 · 33
왜현호색 · 48
요강나물 · 37
용담 · 67
용머리 · 113
우산제비꽃 · 98
울릉국화 · 134
울릉미역취(큰미역취) · 108
울릉장구채 · 24
윤판나물 · 138
윤판나물아재비 · 136
은대난초 · 165
은방울꽃 · 145
이삭여뀌 · 18
익모초 · 84

ㅈ

자라풀 · 157
자란 · 179
자란초 · 111
자리공 · 18
자주괴불주머니 · 51
자주꽃방망이 · 98
자주꿩의다리 · 36
자주솜대(자주지장보살) · 156
자주쓴풀 · 69
잔대 · 99
잠자리난초 · 170
절굿대 · 141
정영엉겅퀴 · 143
제비꽃 · 89
제주방울란 · 176
조개나물 · 113
족도리풀 · 41
졸방제비꽃 · 82
좀닭의장풀 · 170
좀바위솔 · 41
좀비비추 · 146
좀씀바귀 · 142

좀향유 · 79
좁쌀풀 · 100
주름제비란 · 171
중나리 · 152
쥐꼬리망초 · 92
쥐방울덩굴 · 42
쥐오줌풀 · 125
지리터리풀 · 65
지장보살(풀솜대) · 148
지치 · 110
진교 · 33

ㅊ

차풀 · 48
참기생꽃 · 101
참꽃마리 · 110
참꿩의다리(은꿩의다리) · 32
참나리 · 151
참당귀 · 60
참바위취 · 59
참배암차즈기 · 85
참산부추 · 161
참좁쌀풀 · 98
참취 · 113
창포 · 162
처녀치마 · 134
천남성 · 164
천마 · 171
천마괭이눈 · 67
초롱꽃 · 128
초종용 · 123
촛대승마 · 30
층꽃풀(층꽃나무) · 76
층층이꽃 · 112
칠면초 · 26

ㅋ

칼잎용담 · 63
콩제비꽃 · 96
큰괭이밥 · 76
큰까치수염 · 97
큰두루미꽃 · 150
큰방울새란 · 172
큰뱀무 · 70
큰산장대 · 59
큰앵초 · 103
큰연령초 · 157
큰오이풀 · 67
큰잎쓴풀 · 71
큰제비고깔 · 31

ㅌ

타래난초 · 175
태백기린초 · 50
태백제비꽃 · 83
터리풀 · 66
털기름나물 · 58
털동자꽃 · 27
털머위 · 136
털복주머니란(털개불알꽃) · 164
털부처꽃 · 86
털쥐손이 · 83
톱바위취 · 61
퉁퉁마디 · 28

ㅍ

파초일엽 · 14
패랭이꽃 · 22
패모 · 140

풍란 · 178
피뿌리풀 · 85

ㅎ

하늘나리 · 148
한계령풀 · 39
한라개승마 · 63
한라고들빼기 · 153
한라구절초 · 132
한라꽃장포 · 143
한라부추 · 160
한라장구채 · 22
한란 · 178
할미꽃 · 29
해국 · 114
해녀콩 · 81
해홍나물 · 27
향유 · 78
헐떡이약풀(헐떡이풀) · 62
호장근 · 17
홀꽃노루발 · 94
홀아비꽃대 · 40
홀아비바람꽃 · 24
화살곰취 · 142
활나물 · 49
활량나물 · 75
회리바람꽃 · 27
흑난초 · 176
흰그늘용담 · 103
흰땃딸기 · 73
흰민들레 · 131
흰장구채 · 24
흰젖제비꽃 · 86
흰진교 · 32

✳ 권별 페이지 숫자 색　■봄,　■여름,　■가을

A

Aceriphyllum rossii (Oliv.) Engl. · 64

Achillea alpine L. var. *discoidea* (Regel) Kitam. · 127

Aconitum koreanum (H. Lév.) Rapaics · 31

Aconitum longecassidatum Nakai · 32

Aconitum monanthum Nakai · 30

Aconitum pseudo-laeve Nakai · 33

Aconitum umbrosum (Korsh.) Kom. · 34

Acorus calamus L. var. *angustatus* Besser · 162

Actaea asiatica H. Hara · 15

Adenophora remotiflora (Siebold et Zucc.) Miq. · 131

Adenophora taquetii H. Lév. · 132

Adenophora triphylla (Thunb.) A. DC. · 99

Adonis amurensis Regel et Radde · 36

Adoxa moschatellina (Tourn.) L. · 126

Aeginetia indica L. · 95

Agastache rugosa (Fisch. et C. A. Mey.) Kuntze · 83

Ainsliaea acerifolia Sch. Bip. · 151

Ajuga decumbens Thunb. · 114

Ajuga multiflora Bunge · 113

Ajuga spectabilis Nakai · 111

Allium cyaneum Regel · 160

Allium sacculiferum Maxim. · 161

Allium senescens L. · 162

Allium thunbergii G. Don · 163

Allium victorialis L. var. *platyphyllum* (Hulten) Makino · 154

Anagallis arvensis L. · 101

Anaphalis sinica Hance ssp. *morii* (Nakai) Kitam. · 136

Androsace umbellata (Lour.) Merr. · 102

Anemone koraiensis Nakai · 24

Anemone narcissiflora L. · 38

Anemone raddeana Regel · 25

Anemone reflexa Stephan et Willd. · 27

Anemone stolonifera Maxim. · 26

Angelica gigas Nakai · 60

Angelica polymorpha Maxim. · 61

Aquilegia buergeriana Siebold et Zucc. var. *oxysepala* (Trautv. et C. A. Mey.) Kitam. · 20

Aquilegia flabellata Siebold et Zucc. var. *pumila*

(Huth) Kudo · 28

Arabis gemmifera (Matsum.) Makino · 59

Arabis serrata Franch. et Sav. var. *hallaisanensis* (Nakai) Ohwi · 47

Arabis stelleri DC. var. *japonica* F. Schmidt · 60

Aralia cordata Thunb. · 88

Arisaema amurense Maxim. var. *serratum* Nakai · 164

Arisaema heterophyllum Blume · 165

Arisaema takesimense Nakai · 166

Arisaema thunbergii Blume ssp. *urashima* (H. Hara) Ohashi et J. Murata · 167

Aristolochia contorta Bunge · 42

Aruncus aethusifolius (H. Lév.) Nakai · 63

Aruncus dioicus (Walter) Fernald var. *kamtschaticus* (Maxim.) H. Hara · 64

Asarum sieboldii Miq. · 41

Asperula odorata L. · 108

Asplenium antiquum Makino · 14

Aster ageratoides Turcz. ssp. *ovatus* (Franch. et Sav.) Kitam. · 110

Aster glehni F. Schmidt var. *hondoensis* Kitam. · 111

Aster hayatae H. Lév. et Vaniot · 112

Aster scaber Thunb. · 113

Aster spathulifolius Maxim. · 114

Aster tripolium L. · 116

Astilbe chinensis (Maxim.) Maxim. ex Franch. et Sav. · 56

Asyneuma japonicum (Miq.) Briq. · 100

Atractylodes japonica Koidz. ex Kitam. · 150

B

Bistorta major S. F. Gray var. *japonica* H. Hara · 15

Bletilla striata (Thunb.) Rchb. fil. · 179

Boschniakia rossica (Cham. et Schltdl.) Fedtsch. et Flerov · 122

Brachybotrys paridiformis Maxim. · 112

Bupleurum euphorbioides Nakai · 90

Burmannia championii Thwaites · 165

Burmannia cryptopetala Makino · 166

C

Cacalia auriculata DC. var. *ochotensis* (Maxim.) Kom. · 138

Calanthe discolor Lindl. · 177

Calanthe reflexa Maxim. · 173

Calanthe sieboldii Decne. · 178

Callistephus chinensis (L.) Nees · 109

Caltha palustris L. var. *nipponica* H. Hara · 22

Calystegia soldanella (L.) Roem. et Schult. · 109

Campanula glomerata L. var. *dahurica* Fisch. · 98

Campanula punctata Lam. var. *takesimana* (Nakai) Kitam. · 129

Campanula punctata Lam. · 128

Canavalia lineata (Thunb.) DC. · 81

Capsella bursa-pastoris (L.) Medik. · 62

Cardamine amaraeformis Nakai · 54

Cardamine komarovi Nakai · 56

Cardamine leucantha (Tausch) O. E. Schulz · 57

Carpesium triste Maxim. var. *manshuricum* (Kitam.) Kitam. · 126

Caryopteris divaricata (Siebold et Zucc.) Maxim. · 75

Caryopteris incana (Thunb.) Miq. · 76

Cassia nomame (Siebold) Honda · 48

Cephalanthera falcata (Thunb.) Blume · 170

Cephalanthera longibracteata Blume · 165

Chelidonium majus L. var. *asiaticum* (H. Hara) Ohwi · 43

Chimaphila japonica Miq. · 100

Chloranthus japonicus Siebold · 40

Chrysanthemum boreale (Makino) Makino · 128

Chrysanthemum indicum L. · 129

Chrysanthemum zawadskii Herbich ssp. *acutilobum* (DC.) Kitag. · 130

Chrysanthemum zawadskii Herbich ssp. *coreanum* (Nakai) Y. Lee · 132

Chrysanthemum zawadskii Herbich ssp. *latilobum* (Maxim.) Kitag. · 133

Chrysanthemum zawadskii Herbich ssp. *lucidum* (Nakai) Y. Lee · 134

Chrysosplenium flagelliferum F. Schmidt · 66

Chrysosplenium pilosum Maxim. var. *valdepilosum* Ohwi · 67

Cicuta virosa L. · 91

Cimicifuga dahurica (Turcz.) Maxim. · 29

Cimicifuga simplex Wormsk. · 30

Cirsium chanroenicum Nakai · 143

Cirsium japonicum DC. var. *ussuriense* (Regel) Kitam. · 139

Cirsium rhinoceros (H. Lév. et Vaniot) Nakai · 145

Cirsium setidens (Dunn) Nakai · 146

Clematis fusca Turcz. var. *coreana* Nakai · 37

Clinopodium chinense (Benth.) O. Kuntze var. *parviflorum* (Kudo) H. Hara · 112

Clintonia udensis Trautv. et C. A. Mey. · 147

Codonopsis lanceolata (Siebold et Zucc.) Trautv. · 101

Codonopsis pilosula (Franch.) Nannf. · 102

Commelina coreana H. Lév. · 170

Convallaria keiskei Miq. · 145

Corchoropsis tomentosa (Thunb.) Makino · 55

Corydalis ambigua Cham. et Schltdl. · 48

Corydalis fumariaefolia Maxim. · 49

Corydalis heterocarpa Siebold et Zucc. var. *japonica* (Franch. et Sav.) Ohwi · 50

Corydalis incisa (Thunb.) Pers. · 51

Corydalis ochotensis Turcz. · 35

Corydalis speciosa Maxim. · 52

Corydalis turtschaninovii Besser var. *linearis* (Regel) Nakai · 53

Cremastra appendiculata (D. Don) Makino · 177

Crinum asiaticum L. var. *japonicum* Baker · 158

Crotalaria sessiliflora L. · 49

Cuscuta australis R. Br. · 74

Cymbidium goeringii (Rchb. fil.) Rchb. fil. · 176

Cymbidium javanicum Blume var. *aspidistrifolium* (Fukuy.) F. Maek. · 177

Cymbidium kanran Makino · 178

Cynanchum ascyrifolium (Franch. et Sav.) Matsum. · 107

Cypripedium guttatum Sw. var. *koreanum* Nakai · 164

Cypripedium macranthum Sw. · 169

D

Delphinium maackianum Regel · 31

Dianthus chinensis L. · 22

Dianthus superbus L. var. *longicalycinus* (Maxim.) F. N. Williams · 23

Dicentra spectabilis (L.) Lem. · 46

Dictamnus dasycarpus Turcz. · 80

Disporum sessile D. Don ssp. *flavens* Kitag. · 138

Disporum sessile D. Don · 136

Draba nemorosa L. var. *hebecarpa* Lindblom · 61

Dracocephalum argunense Fisch. ex Link · 113

Duchesnea chrysantha (Zoll. et Moritzi) Miq. · 74

E

Echinops setifer Iljin · 141

Elatostema umbellatum Blume var. *majus* Maxim. · 16

Elsholtzia angustifolia (Loes.) Kitag. · 77

Elsholtzia ciliata (Thunb.) Hyl. · 78

Elsholtzia minima Nakai · 79

Elsholtzia splendens Nakai ex F. Maek. · 80

Epilobium angustifolium L. · 87

Epimedium koreanum Nakai · 37

Epipactis thunbergii A. Gray · 166

Equisetum arvense L. · 12

Eranthis pinnatifida Maxim. · 16

Eranthis stellata Maxim. · 17

Erigeron thunbergii A. Gray ssp. *glabratus* (A. Gray) H. Hara · 133

Erythronium japonicum Decne. · 142

Eupatorium lindleyanum DC. · 106

Euphorbia helioscopia L. · 77

Euphorbia jolkini Boissieu · 78

Euphorbia sieboldiana C. Morren et Decne. · 79

Euphrasia maximowiczii Wettst. · 88

F

Farfugium japonicum (L.) Kitam. · 136

Filipendula formosa Nakai · 65

Filipendula glaberrima (Nakai) Nakai · 66

Fragaria nipponica Makino · 73

Fritillaria ussuriensis Maxim. · 140

G

Gagea japonica Pascher · 141

Galium verum L. var. *asiaticum* Nakai · 107

Gastrodia elata Blume · 171

Gentiana algida Pall. · 64

Gentiana jamesii Hemsl. · 102

Gentiana pseudo-aquatica Kusn. · 103

Gentiana scabra Bunge · 67

Gentiana squarrosa Ledeb. · 106

Gentiana uchiyamai Nakai · 63

Geranium eriostemon Fisch. · 83

Geranium koreanum Kom. · 84

Geranium shikokianum Matsum. var. *quelpaertense* Nakai · 50

Geum aleppicum Jacq. · 70

Gnaphalium affine D. Don · 128

Goodyera macrantha Maxim. · 172

Goodyera maximowicziana Makino · 173

Goodyera schlechtendaliana Rchb. fil. · 174

Gymnadenia camtschatica (Cham.) Miyabe et Kudo · 171

Gymnadenia conopsea (L.) R. Br. · 167

Gymnadenia cucullata (L.) Rich. · 168

Gymnaster koraiensis (Nakai) Kitam. · 117

Gymnospermium microrhynchum (S. Moore) Takht. · 39

H

Habenaria chejuensis Y. Lee et K. S. Lee · 176

Habenaria linearifolia Maxim. · 170

Halenia corniculata (L.) Cornaz · 105

Hanabusaya asiatica (Nakai) Nakai · 130

Hedyotis biflora (L.) Lam. var. *parvifolia* Hook. et Arn. · 106

Heloniopsis orientalis (Thunb.) Tanaka · 134

Hepatica asiatica Nakai · 30

Hepatica insularis Nakai · 31

Hepatica maxima Nakai · 32

Heracleum moellendorffii Hance · 92

Heteropappus hispidus (Thunb.) Less. ssp. *arenarius* (Kitam.) Kitam. · 120

Heteropappus hispidus (Thunb.) Less. · 119

Heteropappus magnus Y. Lee et C. Kim · 121

Hosta minor (Baker) Nakai · 146

Hydrocharis dubia (Blume) Backer · 157

Hylomecon vernale Maxim. · 44

Hypericum ascyron L. · 43

Hypericum erectum Thunb. · 44

I

Impatiens noli-tangere L. · 54

Impatiens textori Miq. · 52

Inula britannica L. ssp. *japonica* (Thunb.) Kitam. · 124

Iris ensata Thunb. var. *spontanea* (Makino) Nakai · 160

Iris minutoaurea Makino · 159

Iris odaesanensis Y. Lee · 160

Iris rossii Baker · 161

Iris sanguinea Hornem. · 162

Iris uniflora Pall. var. *caricina* Kitag. · 161

Isoetes japonica A. Braun · 13

Isopyrum mandshuricum (Kom.) Kom. · 18

Isopyrum raddeanum (Regel) Maxim. · 19

Ixeris repens (L.) A. Gray · 155

Ixeris stolonifera A. Gray · 142

J

Jeffersonia dubia Benth. et Hook. · 38

Justicia procumbens L. · 92

K

Kalimeris yomena Kitam. · 122

L

Lactuca hallaisanensis H. Lév. · 153

Lactuca indica L. var. *laciniata* (Kuntze) H. Hara · **154**

Lamium album L. var. *barbatum* (Siebold et Zucc.) Franch. et Sav. · **121**

Lamium amplexicaule L. · **122**

Lathraea japonica Miq. · **127**

Lathyrus davidii Hance · **75**

Leibnitzia anandria (L.) Nakai · **133**

Leontopodium leiolepis Nakai · **134**

Leonurus japonicus Houtt. · **84**

Leonurus macranthus Maxim. · **114**

Lepisorus ussuriensis (Regel et Maack) Ching · **15**

Libanotis coreana (H. Wolff) Kitag. · **58**

Ligularia fischerii (Ledeb.) Turcz. · **140**

Ligularia jamesii (Hemsl.) Kom. · **142**

Lilium cernum Kom. · **147**

Lilium concolor Salisb. · **148**

Lilium distichum Nakai ex Kamib. · **149**

Lilium hansonii Leichtlin · **150**

Lilium lancifolium Thunb. · **151**

Lilium leichtlinii Hook. fil. var. *maximowiczii* (Regel) Baker · **152**

Lilium maculatum Thunb. ssp. *dauricum* (Ker-Gawl.) H. Hara · **153**

Limonium tetragonum (Thunb.) Bullock · **62**

Liparis kumokiri F. Maek. · **174**

Liparis makinoana Schltr. · **174**

Liparis nervosa (Thunb.) Lindl. · **176**

Liriope platyphylla F. T. Wang et Y. C. Tang · **157**

Lithospermum erythrorhizon Siebold et Zucc. · **110**

Lobelia chinensis Lour. · **104**

Lobelia sessilifolia Lamb. · **105**

Lychnis cognata Maxim. · **26**

Lychnis fulgens Fisch. · **27**

Lycopodium clavatum L. var. *nipponicum* Nakai · **12**

Lycoris koreana Nakai · **164**

Lysimachia clethroides Duby · **97**

Lysimachia coreana Nakai · **98**

Lysimachia mauritiana Lam. · **99**

Lysimachia vulgaris L. var. *davurica* (Ledeb.) R. Knuth · **100**

Lythrum salicaria L. · **86**

M

Maianthemum bifolium (L.) F. W. Schmidt · **149**

Maianthemum dilatatum (Wood) A. Nelson et J. F. Macbr. · **150**

Meehania urticifolia (Miq.) Makino · **116**

Megaleranthis saniculifolia Ohwi · **23**

Melampyrum roseum Maxim. var. *ovalifolium* Nakai · **89**

Melampyrum setaceum (Maxim.) Nakai · **90**

Melampyrum setaceum (Maxim.) Nakai var. *nakaianum* (Tuyama) T. Yamaz. · **91**

Melandrium seoulense (Nakai) Nakai · **21**

Mentha arvensis L. var. *piperascens* Malinv. · **81**

Messerschmidia sibirica (L.) L. · **109**

Meterostachys sikokianus (Makino) Nakai · **43**

Minuartia arctica (Steven) Asch. et Graebn. · **19**

Moneses uniflora (L.) A. Gray · **94**

Monochoria vaginalis (Burm. fil.) C. Presl var. *plantaginea* (Roxb.) Solms · **167**

Monotropa hypopithys L. · **95**

Monotropa uniflora L. · **96**

Murdannia keisak (Hassk.) Hand.-Mazz. · **168**

N

Neofinetia falcata (Thunb.) Hu · **178**

Nymphoides indica (L.) Kuntze · **72**

Nymphoides peltata (S. G. Gmel.) Kuntze · **73**

O

Orchis cyclochila (Franch. et Sav.) Maxim. · **172**

Oreorchis patens (Lindl.) Lindl. · **175**

Orobanche coerulescens Stephan ex Willd. · **123**

Orostachys iwarenge (Makino) H. Hara · **39**

Orostachys malacophyllus (Pall.) Fisch. · **40**

Orostachys minutus (Kom.) A. Berger · **41**

Osmunda japonica Thunb. · **13**

Oxalis acetosella L. · **75**

Oxalis obtriangulata Maxim. · **76**

Oxyria digyna (L.) Hill · **12**

Oxytropis anertii Nakai · **76**

P

Paeonia japonica (Makino) Miyabe et Takeda · **42**

Papaver radicatum Rottb. var. *pseudoradicatum* (Kitag.) Kitag. · **45**

Paris verticillata M. Bieb. · **155**

Parnassia palustris L. var. *multiseta* Ledeb. · **45**

Patrinia rupestris (Pall.) Juss. · **125**

Patrinia saniculaefolia Hemsl. · **126**

Patrinia scabiosaefolia Fisch. · **97**

Patrinia villosa (Thunb.) Juss. · **96**

Pedicularis manshurica Maxim. · **124**

Pedicularis resupinata L. · **120**

Pedicularis verticillata L. · **87**

Persicaria amphibia (L.) S. F. Gray · 13
Persicaria dissitiflora (Hemsl.) H. Gross · 17
Persicaria filiformis (Thunb.) Nakai · 18
Persicaria perfoliata (L.) H. Gross · 19
Persicaria thunbergii (Siebold et Zucc.) H. Gross · 20
Petasites japonicus (Siebold et Zucc.) Maxim. · 129
Phacellanthus tubiflorus Siebold et Zucc. · 124
Phlomis umbrosa Turcz. · 116
Phtheirospermum japonicum (Thunb.) Kanitz · 86
Phytolacca esculenta Van Houtte · 18
Pinellia ternata (Thunb.) Breitenb. · 168
Platycodon grandiflorum (Jacq.) A. DC. · 103
Pogonia japonica Rchb. fil. · 172
Polemonium racemosum (Regel) Kitam. · 108
Polygala japonica Houtt. · 81
Polygonatum humile Fisch. ex Maxim. · 152
Polygonatum odoratum (Mill.) Druce var. *pluriflorum* (Miq.) Ohwi · 154
Polygonatum sibiricum Redouté · 155
Potamogeton distinctus A. Benn. · 158
Potentilla dickinsii Franch. et Sav. · 73
Potentilla fragarioides L. var. *major* Maxim. · 69
Potentilla freyniana Bornm. · 70
Potentilla kleiniana Wight et Arn. · 71
Potentilla palustris (L.) Scop. · 71
Potentilla yokusaiana Makino · 72
Primula jesoana Miq. · 103
Primula modesta Bisset et S. Moore var. *fauriei* (Franch.) Takeda · 104
Primula sieboldii E. Morren · 105
Pseudolysimachion kiusianum (Furumi) Holub var. *diamanticum* (Nakai) T. Yamaz. · 118
Pseudolysimachion nakaianum (Ohwi) T. Yamaz. · 119
Pseudostellaria davidii (Franch.) Pax · 14
Pulsatilla cernua (Thunb.) Brecht. et Opiz var. *koreana* (Nakai) Y. Lee · 29
Pulsatilla dahurica (Fisch.) Spreng. · 28
Pyrola incarnata Fisch. · 93

R

Ranunculus franchetii H. Boissieu · 33
Ranunculus japonicus Thunb. · 40
Ranunculus kazusensis Makino · 35
Reynoutria japonica Houtt. · 17
Rhaponticum uniflorum (L.) DC. · 140
Rhodiola ramosa Nakai · 53

Rodgersia podophylla A. Gray · 54
Rodgersia tabularis (Hemsl.) Kom. · 55

S

Sagittaria aginashi (Makino) Makino · 156
Salicornia europaea L. · 28
Salvia chanroenica Nakai · 85
Salvia plebeia R. Br. · 118
Sanguisorba hakusanensis Makino · 69
Sanguisorba officinalis L. · 46
Sanguisorba stipulata Raf. · 67
Sanguisorba tenuifolia Fisch. var. *parviflora* Maxim. · 47
Sanicula rubriflora F. Schmidt · 99
Saururus chinensis (Lour.) Baill. · 41
Saussurea pulchella (Fisch.) Fisch. · 147
Saxifraga fortunei Hook. fil. var. *incisolobata* (Engl. et Irmsch.) Nakai · 44
Saxifraga laciniata Nakai et Takeda · 58
Saxifraga oblongifolia Nakai · 59
Saxifraga octopetala Nakai · 60
Saxifraga punctata L. · 61
Scabiosa mansenensis Nakai · 127
Scopolia parviflora (Dunn) Nakai · 123
Scrophularia takesimensis Nakai · 117
Scutellaria pekinensis Maxim. var. *transitra* H. Hara · 119
Sedirea japonica (Lindenb. et Rchb. fil.) Garay et Sweet · 179
Sedum alboroseum Baker · 36
Sedum duckbongii Y. H. Chung et J. H. Kim · 37
Sedum kamtschaticum Fisch. · 48
Sedum latiovalifolium Y. Lee · 50
Sedum oryzifolium Makino · 51
Sedum polytrichoides Hemsl. · 52
Sedum sarmentosum Bunge · 63
Sedum verticillatum L. · 38
Semiaquilegia adoxoides (DC.) Makino · 21
Senecio flammeus Turcz. ex DC. · 135
Senecio integrifolius (L.) Clairv. ssp. *fauriei* (H. Lév. et Vaniot) Kitam. · 130
Senecio koreanus Kom. · 137
Senecio nemorensis L. · 139
Serratula coronata L. ssp. *insularis* (Iljin) Kitam. · 148
Silene fasciculata Nakai · 22
Silene oliganthella Nakai · 24
Silene repens Patrin · 23

Silene takesimensis Uyeki et Sakata · **24**
Sisymbrium luteum (Maxim.) O. E. Schulz · **46**
Smilacina bicolor Nakai · **156**
Smilacina japonica A. Gray · **148**
Smilax nipponica Miq. · **158**
Solidago virgaurea L. ssp. *gigantea* (Nakai) Kitam. · **108**
Solidago virgaurea L. var. *asiatica* Nakai · **107**
Sophora flavescens Solander ex Aiton · **74**
Spiranthes sinensis (Pers.) Ames var. *amoena* (M. Bieb.) H. Hara · **175**
Stachys riederi Cham. var. *japonica* (Miq.) H. Hara · **115**
Stellaria radicans L. · **20**
Stellera chamaejasme L. · **85**
Streptopus ovalis (Ohwi) F. T. Wang et Y. C. Tang · **139**
Strobilanthes oligantha Miq. · **93**
Suaeda glauca (Bunge) Bunge · **25**
Suaeda japonica Makino · **26**
Suaeda maritima (L.) Dumort. · **27**
Swertia pseudochinensis H. Hara · **69**
Swertia tetrapetala Pallas · **104**
Swertia veratroides Maxim. · **70**
Swertia wilfordii Kerner · **71**
Symplocarpus nipponicus Makino · **163**
Symplocarpus renifolius Schott ex Miq. · **163**
Synurus deltoides (Aiton) Nakai · **149**

T

Taraxacum coreanum Nakai · **131**
Taraxacum mongolicum Hand.-Mazz. · **132**
Tetragonia tetragonoides (Pall.) Kuntze · **21**
Thalictrum actaefolium Siebold et Zucc. var. *brevistylum* Nakai · **32**
Thalictrum aquilegifolium L. var. *sibiricum* Regel et Tiling · **33**
Thalictrum coreanum H. Lév. · **34**
Thalictrum uchiyamai Nakai · **36**
Tiarella polyphylla D. Don · **62**
Tilingia tachiroei (Franch. et Sav.) Kitag. · **59**
Tofieldia fauriei H. Lév. et Vaniot · **143**
Trapa japonica Flerow · **56**
Tricyrtis macropoda Miq. · **159**

Trientalis europaea L. · **101**
Trigonotis nakaii H. Hara · **110**
Trillium kamtschaticum Pall. · **156**
Trillium tschonoskii Maxim. · **157**
Tripterospermum japonicum (Siebold et Zucc.) Maxim. · **68**
Tulipa edulis (Miq.) Baker · **144**
Tulotis fuscescens (L.) Czerniak. · **169**

V

Valeriana fauriei Briq. · **125**
Veratrum grandiflorum (Maxim.) Loes. fil. · **144**
Veratrum maackii Regel var. *japonicum* (Baker) T. Shimizu · **145**
Vicia cracca L. · **79**
Vicia venosissima Nakai · **80**
Viola acuminata Ledeb. · **82**
Viola albida Palib. · **83**
Viola diamantica Nakai · **84**
Viola dissecta Ledeb. var. *chaerophylloides* (Regel) Makino · **85**
Viola lactiflora Nakai · **86**
Viola mandshurica W. Becker · **89**
Viola orientalis (Maxim.) W. Becker · **87**
Viola rossii Hemsl. · **90**
Viola selkirkii Pursh · **92**
Viola seoulensis Nakai · **93**
Viola tokubuchiana Makino var. *takedana* F. Maek. · **94**
Viola variegata Fisch. · **95**
Viola verecunda A. Gray · **96**
Viola websteri Hemsl. · **97**
Viola woosanensis Y. Lee et J. Kim · **98**

W

Waldsteinia ternata (Stephan) Fritsch · **68**
Wasabia koreana Nakai · **58**
Wedelia prostrata (Hook. et Arn.) Hemsl. · **125**

Y

Youngia chelidoniifolia (Makino) Kitam. · **152**

Z

Zingiber mioga (Thunb.) Roscoe · **171**

참 고 문 헌

김문홍. 「제주식물도감」. 제주도. 1985.

김수남 · 이경서. 「한국의 난초」. 교학사. 1997.

김영동. 「한국산 괭이눈속 식물의 분류」. 서울대학교 석사학위 논문. 1989.

김용원 · 박재홍 · 홍성천 등. 「경상북도 자생식물도감」. 그라피카. 1998.

김정희. 「한국산 돌나물속 식물의 분류학적 연구」. 서울대학교 박사학위 논문. 1988.

김철환. 「한국산 두릅나무과 식물의 분류학적 연구」. 전북대학교 석사학위 논문. 1989.

문순화 · 송기엽. 「백두산의 꽃」. 교학사. 1997.

문순화 · 송기엽. 「지리산의 꽃」. 평화출판사. 1995.

문순화 · 송기엽 · 이경서 · 신용만. 「한라산의 꽃」. 산악문화. 1996.

문순화 · 송기엽 · 이경서 · 현진오. 「설악산의 꽃」. 교학사. 1997.

선병윤 · 김철환 · 김태진. 한국산 너도바람꽃속의 1신종 변산바람꽃. 「한국식물분류학회지」 23 : 21. 1993.

수우 이창복 교수 정년퇴임 기념사업추진위원회. 「수우 이창복 교수의 발자취」. 정민사. 1984.

신현철 · 박종욱 · 이현우. 울릉도산 관속식물의 재검토 1. 수정난풀속(수정난풀과). 「한국식물분류학회지」. 23:1. 1993.

심정기. 「한국산 붓꽃과의 분류학적 연구」. 고려대학교 박사학위 논문. 1988.

오용자 · 현진오 등. 「한국의 멸종위기 및 보호 야생동식물」. 교학사. 1998.

이경서. 「한국의 야생란 제주편」. 난과 생활사. 1995.

이상태. 「한국식물검색집」. 아카데미서적. 1997.

이영노. 「원색 한국식물도감」. 교학사. 1996.

이우철. 「원색 한국기준식물도감」. 아카데미서적. 1996.

이우철. 「한국식물명고」. 아카데미서적. 1996.

이유미 · 이원열. 「희귀 및 멸종위기 식물도감」. 산림청 임업연구원 중부임업시험장. 1997.

이은주. 「한국산 장구채속 식물의 분류」. 서울대학교 석사학위 논문. 1988.

이창복. 「대한식물도감」. 향문사. 1980.

정영철. 「한국산 비비추속 식물의 분류학적 연구」. 서울대학교 박사학위 논문. 1985.

정영호. 「정영호식물학논선 제2집 한국고유식물지」. 운초서사. 1989.

정영호. 「정영호식물학논선 제4집 서울대식물표본목록」. 운초서사. 1990.

정태현. 「한국식물도감」 하. 신지사. 1956.

조선식물지편집위원회. 「조선식물지」 1~7, 부록. 과학원출판사. 1972~1979.

최홍근. 「한국산 수생관속식물지」. 서울대학교 박사학위 논문. 1986.

현진오. 「테마가 있는 산 - 꽃산행」. 산악문화. 1996.

환경처. 「특정야생동식물화보집」. 1994.

Brummitt R. K. and C. E. Powell (ed.). 「Authors of Plant Names」. Royal Botanic Gardens, Kew. 1992.

Ohwi J. 「Flora of Japan」. Smithsonian Institution, Washington D. C. 1984. (in English)

Satake Y., J. Ohwi, S. Kitamura, S. Watari and T. Tominari (ed.). 「Wild Flowers of Japan」 1~3. Heibonsha Ltd., Tokyo. 1982. (in Japanese)

저 자 소 개

문순화(文順和)

· 1933년 제주 출생
· 1954년 해군 정 · 동 사진교육 수료
· 25회 대한민국 예술전람회 특선
· 파키스탄 정부 초청 사진전(이슬라마바드 국립 미술관)
· 대한민국 사진 전람회 초대작가
· 국립공원 화보집 출판 및 사진전(4인)
· 공무원 서화전 사진 부문 초대작가
· 한국 사진작가협회 이사 역임
· 37년간 건설부 근무, 옥조 근정훈장 수상
· 현 한국사진작가협회 자문위원

✽ 저서
· 1995년 <지리산의 꽃>(문순화, 송기엽 공저. 평화출판사)
· 1996년 <한라산의 꽃>(문순화, 송기엽, 이경서, 신용만 공저. 산악문화)
· 1997년 <설악산의 꽃>(문순화, 송기엽, 이경서, 현진오 공저. 교학사)
· 1997년 <백두산의 꽃>(문순화, 송기엽, 이경서 공저. 교학사)

현진오(玄眞旿)

· 1963년 제주 출생
· 1982년 서울대학교 자연과학대학 생물계열 입학
· 1986년 서울대학교 자연과학대학 식물학과 졸업 및 동 대학원 입학
· 1988년 석사 학위 취득(논문: 한국산 산앵도나무속 식물의 분류) 및
  서울대학교 생물학과 박사과정 입학
· 1988년 8월 ~ 1989년 2월 석사장교 복무
· 1990년 서울대학교 생물학과 박사과정 수료(고등식물분류학 전공)
· 1990 ~ 1992년 서울대학교 생물학과 연구생
· 1992년 11월 ~ 1998년 3월 월간 <사람과 산> 기자, 편집부장
· 1995년 백두산의 우리꽃 전시회
· 1996년 백두대간의 우리꽃 전시회
· 1998년 8월 영국 및 독일의 주요 식물원 및 표본관 견학
· 현 한국자연정보연구원 편집국장, 우이령보존회 사무국장, 자연생태
  정보센터 사무국장, 자연보호중앙협의회 학술편집위원, 백두대간 식
  물탐사회 지도위원, 한국대학산악연맹 이사

✽ 저서
· 1996년 <주제가 있는 산 - 꽃산행>(도서출판 산악문화)
· 1997년 <설악산의 꽃>(문순화, 송기엽, 이경서, 현진오 공저. 교학사)
· 1998년 교학사 발행<원색도감 한국의 멸종위기 및 보호 야생동식물>
  (식물 부문 집필)

아름다운 우리꽃

봄꽃 150

초판 발행 / 1999년 6월 10일
3판 발행 / 2003년 4월 25일

지은이 / 문순화 · 현진오
펴낸이 / 양철우
펴낸곳 / ㈜교학사

기획 / 유홍희
편집 / 황정순 · 박선희
교정 / 차진승 · 박선희 · 강옥자
장정 / 오흥환
제작 / 신영창
원색 분해 · 인쇄 / 본사 공무부

등록 / 1962. 6. 26. (18 - 7)
주소 / 서울 마포구 공덕동 105 - 67
전화 / 편집부 312 - 6685, 영업부 717 - 4561 ~ 5
팩스 / 편집부 365 - 1310, 영업부 718 - 3976
대체 / 012245 - 31 - 0501320
홈 페이지 / http://www.kyohak.co.kr

값 20,000원

※ 이 책의 도판, 사진, 내용의 무단 복제를 금합니다.

Wild Flowers of Korea
by Moon, S. H., Hyun, J. O.

Published by Kyo-Hak Publishing Co., Ltd., 1999
105 - 67, Gongdeok-dong, Mapo-gu, Seoul, Korea
Printed in Korea

ISBN 89 - 09 - 05212 - 0 96480

저자와의
협의에 의해
검인 생략함